数字化设计与制造领域人才培养系列教材
高等职业教育系列教材

PLM 技术及应用

组　　编　北京数码大方科技股份有限公司
主　　编　伍伟杰　贺可太　李长亮
副 主 编　许妍妩　周永勤　竺宇松　卢胜磊
参　　编　冯　伟　宁良辉　黄明晓　陈义练
　　　　　杨　亘　郭振波　赖德华　梁秋谊
主　　审　许中明

机械工业出版社

本书以制造业数字化转型背景下企业对 PLM 技术应用的职业技能需求为出发点，以 CAXA PLM 协同管理系统为载体，设计了企业应用实例，对 PLM 的基本应用进行了详细讲解，帮助读者全面理解 PLM 软件在产品生命周期数字化管控中的应用。

本书中的项目 1～项目 7 系统讲解了 PLM 的技术概况，以及应用 CAXA PLM 进行产品数据结构搭建、数据管理、审批流程制定/发起与执行、数据借用与标准化等操作方法，详细说明了规范化产品研发流程的具体实施过程，展示了 PLM 从简单到复杂的应用，有助于读者较好地理解和掌握 PLM 技术的相关知识点，提高产品研发流程的规范性与数字化交付物管理能力。项目 8 是一个贯穿全部典型工作内容的综合实训，可提高读者对这些知识点进行融会贯通、熟练应用的能力。

本书可作为职业院校装备制造大类专业相关课程的教材，也可作为高等院校工程训练课程的教材，还可作为制造企业产品研发、工艺设计、设计管理、生产管理等工程技术人员及 CAXA PLM 用户的技术参考用书或培训教材。

本书配有视频资源，可扫描书中二维码直接观看，还配有授课电子课件、习题答案等，需要的教师可登录机械工业出版社教育服务网 www.cmpedu.com 免费注册后下载，或联系编辑索取（微信：13261377872，电话：010-88379739）。

图书在版编目（CIP）数据

PLM 技术及应用 / 北京数码大方科技股份有限公司组编；伍伟杰，贺可太，李长亮主编. —北京：机械工业出版社，2023.10
数字化设计与制造领域人才培养系列教材　高等职业教育系列教材
ISBN 978-7-111-73465-9

Ⅰ. ①P… Ⅱ. ①北… ②伍… ③贺… ④李… Ⅲ. ①工业产品-计算机辅助设计-应用软件-高等职业教育-教材　Ⅳ. ①TB472-39

中国国家版本馆 CIP 数据核字（2023）第 124877 号

机械工业出版社（北京市百万庄大街 22 号　邮政编码 100037）
策划编辑：曹帅鹏　　　　　　责任编辑：曹帅鹏　管　娜
责任校对：牟丽英　梁　静　　责任印制：常天培
北京机工印刷厂有限公司印刷
2023 年 10 月第 1 版第 1 次印刷
184mm×260mm・12 印张・312 千字
标准书号：ISBN 978-7-111-73465-9
定价：49.80 元

电话服务　　　　　　　　　网络服务
客服电话：010-88361066　　机　工　官　网：www.cmpbook.com
　　　　　010-88379833　　机　工　官　博：weibo.com/cmp1952
　　　　　010-68326294　　金　书　网：www.golden-book.com
封底无防伪标均为盗版　　　机工教育服务网：www.cmpedu.com

Preface 前　言

　　PLM（Product Lifecycle Management，产品生命周期管理）技术作为企业数字化管控技术的重要组成部分，在制造业数字化发展建设期具有典型的应用意义。可帮助企业提高产品全生命周期数据与流程管理工作的效率和质量，缩短研发周期，提高产品设计的标准化、规范化程度，保证企业研发、工艺、生产信息的准确性、一致性和完整性；为企业产品相关标准、流程与知识提供长期积累的机制，从而不断提高企业整体知识沉淀与数字化管控水平。随着 PLM 技术在企业的日益普及，培养机械类相关专业学生在产品生命周期，尤其是设计与工艺业务环节中的数字化管控技术的重要性也日益凸显。

　　党的二十大报告指出"加快实现高水平科技自立自强"。长期以来，我国十分重视国产工业软件的发展，大力推进自主工业软件体系发展和产业化应用。CAXA PLM 协同管理系统是我国拥有自主知识产权的 PLM 系统，面向制造业产品数据全生命周期管理，将成熟的 2D、3D、PDM、CAPP 和 MES 技术整合在统一的协同管理平台上，覆盖了从概念设计、详细设计、工艺流程到生产制造的各个环节，解决企业在深化信息化管理后面临的部门间协作及产品数据全局共享的需求，实现设计数据、工艺数据与制造数据统一管理，可有效支撑跨部门的数据处理和业务协作。由于其具有功能全面、系统配置与应用易于掌握、数据安全等特点，受到国内企业的广泛认可，已经成为航空航天、机械加工、电子电器等领域广泛应用的国产 PLM 软件之一。

　　本书适合 PLM 技术及应用课程以及制造业信息化、计算机辅助设计与制造、智能制造技术基础、先进制造实训等课程的 PLM 任务模块教学，贴合企业实际与岗位需求，本着"适度、必需、够用"的原则，以"项目导向、任务驱动"的教学模式进行编写，突出实用性，注重对学生职业能力、创新精神和实践能力的培养，加强对学生主动思维的调动。项目 1 对 PLM 的技术发展概况与应用方式进行介绍；项目 2～项目 5 以具体产品为载体，系统介绍了产品研发过程中数据结构的建立、数据入库审批与管理、变更审批与设计工艺数据汇总等具体流程和操作方法，使读者了解 PLM 最典型的应用内容；项目 6 与项目 7 侧重于企业知识重用和数据归档的典型场景，介绍了数据重发布与归档、数据借用及标准化的相关内容，使读者了解企业的数据管理规范和产品"绿色设计"模式。项目 8 设置了一个贯穿全部典型工作内容的综合实训，有助于读者较好地理解和掌握相关知识点、技能点，快速掌握 CAXA PLM 协同管理系统的常用功能，以提高读者对知识技能进行融会贯通、熟练应用的能力。

　　本书由北京数码大方科技股份有限公司（简称 CAXA 数码大方）组织编写。由顺德职业技术学院伍伟杰、北京科技大学贺可太、CAXA 数码大方李长亮主编，由顺德职业技术学院许中明担任主审，CAXA 数码大方许妍妩、周永勤、竺宇松、卢胜磊担任副主编，CAXA 数码大方冯伟、宁良辉、黄明晓、陈义练、顺德职业技术学院杨亘以及行业企业工程师郭振波、赖德华、梁秋谊参编。本书的完成也得到了浙江机电职业技术学院、无锡职业技术学院、常州机电职业技术学院、江西制造职业技术学院、广东机电职业技术学院、襄阳汽车职业技术学院、柳州职业技术学院、广西工业职业技术学院、广东工程职业技术学院、烟台职业学院、威海职业学院、陕西工业职业技术学院、陕西铁路工程职业技术学院、四川工程职业技术学院、四川信息职业技术学院、成都航空职业技术学院、成都工业职业技术学院、成都工贸职业技术学院、重庆工商职业学院、贵州城市职业学院、湖南铁道职业技术学院、长沙航空职业技术学院等院校的指导与帮助，在此一并表示感谢。

由于编者水平有限，书中错误在所难免，诚请广大读者批评指正。

编　者

二维码清单

序号	名称	页码	序号	名称	页码
1	进入"人员权限管理"模块及创建部门	22	16	图纸出库修改	73
2	创建产品大类、零件类库、外购件库、标准件库	27	17	工艺文件签名内容的设置	91
3	创建剪线钳的产品结构树	30	18	定义产品明细表模板	100
4	Excel 导入的预设置	34	19	输出产品明细表	104
5	通过 Excel 导入外购件、标准件	37	20	输出分类报表	106
6	通过 Excel 导入剪线钳结构	39	21	图纸与工艺重发布	127
7	2D 装配图纸的预设置	45	22	固化 BOM	133
8	属性映射与 2D 图纸批量入库	48	23	批量导出图纸与工艺文件	135
9	批量入库设计数据	53	24	文件打印	138
10	单独入库设计数据	54	25	数据归档	141
11	定义设计审批流程	57	26	PLM 查询功能操作	144
12	签名设置	65	27	PLM 零件及图纸文档借用	145
13	发起图纸审批流程	66	28	PLM 部件复制修改图纸	146
14	2D 与 3D 图纸审批	68	29	PLM 企业通用件标准化管理	154
15	查看已发布的图纸	71	30	PLM 工艺文件重用编辑	157

目录 Contents

前言

二维码清单

项目 1 认识 PLM 技术 1

任务 1.1 初识 PLM 1

1.1.1 PLM 技术的起源与发展 1

1.1.2 PLM 的定义 4

1.1.3 PLM 的主要功能 5

1.1.4 基于 PLM 的数字化设计过程管理 6

1.1.5 PLM 对企业的作用和价值 8

任务 1.2 认识 CAXA PLM 9

1.2.1 CAXA PLM 的模块与应用 9

1.2.2 认识 CAXA PLM 界面 11

1.2.3 协同管理的基本流程 15

【习题】 17

项目 2 建立产品结构树 19

任务 2.1 启动并登录 PLM 系统 21

2.1.1 PLM 的用户权限与管理 21

2.1.2 登录 PLM 系统 22

2.1.3 进入"人员权限管理"模块 22

2.1.4 创建部门 22

2.1.5 创建角色、人员并分配权限 24

任务 2.2 通过手工方式建立产品结构树 27

2.2.1 创建产品大类、零件类库 27

2.2.2 创建外购件库 28

2.2.3 创建标准件库 29

2.2.4 创建剪线钳的产品结构树 30

任务 2.3 通过 Excel 文件建立产品结构树 34

2.3.1 Excel 导入的预设置 34

2.3.2 通过 Excel 导入外购件、标准件 37

2.3.3 通过 Excel 导入剪线钳结构 39

任务 2.4 通过 3D 装配文件建立产品结构树 40

2.4.1 设置 3D 文件的自定义属性项 41

2.4.2 属性映射与 3D 文件批量入库 42

任务 2.5 通过 2D 装配图纸建立产品结构树 44

2.5.1 2D 装配图纸的预设置 45

2.5.2 属性映射与 2D 图纸批量入库 48

【习题】 49

项目 3 产品设计数据入库与审批发布 ⋯⋯⋯⋯⋯ 51

任务 3.1 设计数据标准化 ⋯⋯⋯⋯ 52
- 3.1.1 数据标准化的意义 ⋯⋯⋯⋯ 52
- 3.1.2 图纸标准化 ⋯⋯⋯⋯⋯⋯⋯ 52

任务 3.2 产品设计数据入库 ⋯⋯⋯ 53
- 3.2.1 批量入库与单独入库 ⋯⋯⋯ 53
- 3.2.2 批量入库设计数据 ⋯⋯⋯⋯ 53
- 3.2.3 单独入库设计数据 ⋯⋯⋯⋯ 54

任务 3.3 启动图纸审批流程 ⋯⋯⋯ 56
- 3.3.1 认识/定义审批流程 ⋯⋯⋯⋯ 57
- 3.3.2 图纸签名内容的设置 ⋯⋯⋯ 65
- 3.3.3 发起图纸审批流程 ⋯⋯⋯⋯ 66

任务 3.4 图纸审批 ⋯⋯⋯⋯⋯⋯ 68
- 3.4.1 2D 与 3D 图纸审批 ⋯⋯⋯⋯ 68
- 3.4.2 查看已发布的图纸 ⋯⋯⋯⋯ 71

任务 3.5 图纸出库修改 ⋯⋯⋯⋯ 72
- 3.5.1 出库与取消出库 ⋯⋯⋯⋯⋯ 72
- 3.5.2 图纸出库修改 ⋯⋯⋯⋯⋯⋯ 73

任务 3.6 设计变更 ⋯⋯⋯⋯⋯⋯ 76
- 3.6.1 设计变更管理的意义 ⋯⋯⋯ 76
- 3.6.2 图纸变更流程 ⋯⋯⋯⋯⋯⋯ 77

【习题】 ⋯⋯⋯⋯⋯⋯⋯⋯⋯⋯⋯⋯⋯⋯ 77

项目 4 产品工艺数据入库与审批发布 ⋯⋯⋯ 78

任务 4.1 工艺数据标准化 ⋯⋯⋯⋯ 79
- 4.1.1 工艺数据标准化要求 ⋯⋯⋯ 79
- 4.1.2 工艺文件规范化 ⋯⋯⋯⋯⋯ 79

任务 4.2 产品工艺数据入库 ⋯⋯⋯ 80
- 4.2.1 批量入库零件加工工艺文件 ⋯ 80
- 4.2.2 单独入库装配工艺文件 ⋯⋯ 82

任务 4.3 启动工艺文件的审批流程 ⋯ 83
- 4.3.1 认识/定义工艺审批流程 ⋯⋯ 83
- 4.3.2 发起工艺审批流程 ⋯⋯⋯⋯ 89

任务 4.4 工艺文件审批及修改 ⋯⋯ 90
- 4.4.1 工艺文件签名内容的设置 ⋯ 91
- 4.4.2 工艺文件审批 ⋯⋯⋯⋯⋯⋯ 92
- 4.4.3 查看已发布的工艺文件 ⋯⋯ 94
- 4.4.4 工艺文件出库修改 ⋯⋯⋯⋯ 95
- 4.4.5 工艺变更流程 ⋯⋯⋯⋯⋯⋯ 98

【习题】 ⋯⋯⋯⋯⋯⋯⋯⋯⋯⋯⋯⋯⋯⋯ 98

项目 5 产品信息汇总报表 ⋯⋯⋯⋯⋯⋯⋯ 99

任务 5.1 PLM 汇总报表 ⋯⋯⋯⋯ 100
- 5.1.1 常见的产品报表及形式 ⋯⋯ 100
- 5.1.2 定义产品明细表模板 ⋯⋯⋯ 100
- 5.1.3 输出产品明细表 ⋯⋯⋯⋯⋯ 104
- 5.1.4 输出分类报表 ⋯⋯⋯⋯⋯⋯ 106

任务 5.2 工艺汇总表汇总工艺数据 ⋯ 107
- 5.2.1 工艺汇总表汇总数据流程 ⋯ 108
- 5.2.2 导入工艺数据 ⋯⋯⋯⋯⋯⋯ 108
- 5.2.3 定义工艺汇总表报表配置信息 ⋯ 114
- 5.2.4 输出工艺汇总表 ⋯⋯⋯⋯⋯ 119

5.2.5　汇总报表的作用 ……………… 122
【习题】 ……………………………………… 124

项目 6　数据重发布与归档 …………… 126

任务 6.1　图纸与工艺重发布 ………… 126
6.1.1　数据重发布与数据版本 ………… 126
6.1.2　已发布数据重发布 ……………… 127

任务 6.2　固化 BOM ……………………… 132
6.2.1　认识 BOM ………………………… 132
6.2.2　固化 BOM 并查看 ……………… 133

任务 6.3　数据归档 ……………………… 135
6.3.1　批量导出图纸与工艺文件 ……… 135
6.3.2　图纸及工艺文件打印 …………… 138
6.3.3　PLM 系统数据归档 ……………… 141

【习题】 ……………………………………… 143

项目 7　数据重用 ………………………… 144

任务 7.1　零件的复制与借用 …………… 144
7.1.1　查询已有产品数据 ……………… 144
7.1.2　借用现有零件 …………………… 145
7.1.3　复制零件并修改 ………………… 146
7.1.4　复制与借用的区别 ……………… 152

任务 7.2　借用件标准化 ………………… 153
7.2.1　零部件标准化的作用 …………… 153
7.2.2　通用件标准化 …………………… 154

任务 7.3　工艺文件重用 ………………… 157
7.3.1　已有文件修改借用 ……………… 157
7.3.2　工艺知识管理与重用 …………… 161

【习题】 ……………………………………… 164

项目 8　手动间歇冲压机构数字化设计及管理 …… 166

任务 8.1　实训任务 ……………………… 167
8.1.1　实训目的 ………………………… 167
8.1.2　实训内容与时间安排 …………… 167
8.1.3　实训任务工作步骤 ……………… 169
8.1.4　实训提交成果 …………………… 175
8.1.5　实训考核评价 …………………… 176

任务 8.2　任务要点分析 ………………… 176
8.2.1　属性映射与匹配规则 …………… 176
8.2.2　建立设计及工艺数据审批流程 … 179
8.2.3　缺失零件 CAD 建模与总装出图 … 181
8.2.4　生成产品 BOM …………………… 181
8.2.5　调用标准化模板制定工艺文件 … 182

【习题】 ……………………………………… 182

参考文献 …………………………………… 184

项目 1　认识 PLM 技术

**教学目标**

知识目标：
1. 了解 PLM 技术的发展概况；
2. 了解 PLM 的定义和主要功能；
3. 理解 PLM 技术在数字化设计过程管控中的作用和应用方法；
4. 了解 PLM 在企业的应用价值；
5. 了解 CAXA PLM 的功能及特点。

能力目标：
1. 掌握 CAXA PLM 的界面构成与各区域功能；
2. 掌握 CAXA PLM 协同管理的基本流程。

素养目标：
1. 理解企业并行设计方式的业务流程；
2. 建立岗位间沟通协作的良好的职业化意识。

项目分析

PLM 技术出现于 20 世纪 80 年代初期，目的是解决大量工程图样的管理问题，通过使用图像扫描技术把图样转换成电子图像，并利用软件实现对这些电子图像的阅览、修改以及重新生成新的工程图样，这种软件就是 PLM 的雏形。随着企业对数据与流程管理需求的不断提升以及管理覆盖业务环节不断扩充，PLM 技术不断发展更新，PLM 系统功能结构也不断变革，才形成现在人们所看到的产品生命周期管理系统。

通过对本项目的学习，了解 PLM 技术的发展历程与当前主流 PLM 系统的核心功能，熟悉 PLM 的管理逻辑，建立对 PLM 技术的基本认知。熟悉 CAXA PLM 功能、系统界面及其协同管理的基本流程，进而对 PLM 系统的应用环境产生直观的了解。

任务 1.1　初识 PLM

1.1.1　PLM 技术的起源与发展

PLM 技术的出现与产品设计方式的变革息息相关。传统的设计方法以经验设计为主，利用绘图板、丁字尺等手绘工具，通过手工绘图的方式对产品的设计方案进行表达，利用手工计算对设计合理性进行演算验证。产品设计的工作方式往往是串行式设计过程（从需求分析、产品结构设计、工艺设计直到加工制造和装配一步步在各部门内部顺序进行），工程师间的工作相对独立，各部门依据各自的职能串行作业，部门间的工作关联性与配合度较低，缺少必要的信息交流。设计图档、文档的存在形式以纸质为主，对于设计图档和文档的管理以人工归档纸质文件的方式为主。由于缺乏虚拟仿真验证的手段，对于设计的仿真验证只能依靠物理样机。由于过早进入了物理样机阶段，缺少详实的设计方案验证，设计问题只能在物理样机阶段暴露出来之后再返回到设计阶段对设计进行修正。由于在设计完成后，其他部门才依次介入，后面各个环节再提出整改意见，设计部门再修改设计，从设计到物理样机阶段的反复迭代过程会相当漫长，且修正设计的依据主要依靠个人经验与手工计算，容易产生设计误差，从而导致设计周期长、成本高等问题。传统产品开发过程如图1-1所示。

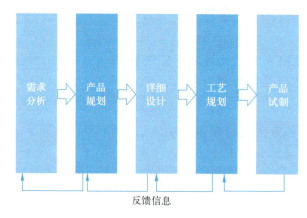

图1-1 传统产品开发过程

随着 CAX 技术的发展，产品设计与仿真验证的手段及精细化程度得到了很大提升，这一变化促进了对传统设计方式在数字样机验证方面的变革。但串行式设计方法对于企业业务而言具有的局限性问题依然没有解决。具体体现在：需求分析、产品结构设计、工艺设计、加工制造等阶段是顺序开展的，前一阶段结束才能开始下一阶段，设计周期较长，无法快速满足市场的需求；并且由于在上述各个阶段中所使用的设计、仿真等软件的系统各不相同，相互之间各自封闭，使得系统间的数据交换较为困难。

20世纪80年代，一种新的产品生命周期管理方法——并行工程（Concurrent Engineering，CE）产生。并行工程以缩短产品上市时间为目标，从产品需求分析阶段开始就考虑产品全生命周期中的质量、成本、进度、用户需求等要素。这里所说的产品生命周期的概念，是指产品从需求分析、概念设计、详细设计、生产、投入使用、维护和后期服务直到产品退出市场并消亡的完整生命周期，一般可分为产品定义、产品生产和产品运作支持三个主要阶段。基于这种管理理念，并行设计的模式也应运而生。并行设计是指在产品开发设计阶段考虑产品生命周期中的工艺规划、制造、测试维护等后端环节的影响，通过各个环节的并行推进与集成，缩短开发周期、降低产品成本并提高产品质量。也就是说，并行设计模式下，各部门能够尽早参加到设计环节并实现专业信息的反馈、数据审核与共享，同时把串行设计模式下针对产品整体的"设计-评价-再设计"大循环，转变成很多轮次的针对产品局部的"设计-评价-再设计"小循环，从而提升设计效率。在此过程中，分属生命周期不同环节的人员可以从不同的角度出发，对设计的合理性、可行性、经济性等因素加以控制，以便快速匹配满足产品性能的技术方案、满足目标成本的采购方案、合理可行的生产工艺等，从而及早发现和改正设计问题。并行产品开发过程如图 1-2 所示。

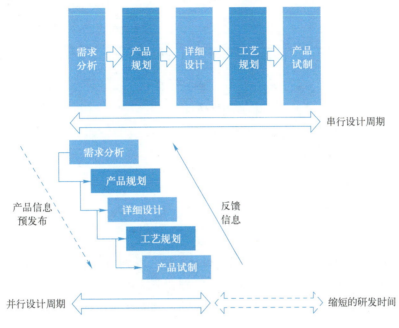

图 1-2　并行产品开发过程

并行设计的过程需要诸多支撑技术，产品数据管理（Product Data Management，PDM）技术是其中之一。信息共享是实现并行设计的基础。产品数据管理技术的目标是对并行设计中共享的数据与过程进行统一规范管理，保证全局数据的一致性、安全性，并提供统一的数据操作界面，使并行设计人员无论使用何种 CAX 工具，工作的物理位置如何，都能在统一的操作环境下工作。在此背景下，PDM 系统作为产品数据管理的工具与手段出现，随着并行设计的要求逐步迭代，功能也随之日渐完善。美国 Gartner 管理咨询公司对于 PDM 的定义：产品数据管理是管理所有与产品相关的信息和过程的技术；与产品相关的信息，即描述产品的各种信息，包括零部件信息、结构配置、文件、CAD 档案、审批信息等；与产品相关的所有过程，即对这些过程的定义与管理，包括信息的审批和发放。

PLM 系统是在 PDM 系统的基础上对其内涵和范围进行扩展和延伸而发展起来的。PDM 出现于 20 世纪 80 年代，初始阶段是为了解决大量图样文档的计算机化管理问题，后来扩展到三个主要领域：设计图样和电子文档的管理；材料报表与产品结构的管理；工程变更的跟踪与管理。20 世纪 90 年代以后，工业的发展需要更复杂、先进的功能来解决变更管理和配置管理等问题，同时出现了诸如产品三维图形可视化技术、企业应用集成技术等应用，大大增强了 PDM 的功能与应用价值。PDM 开始逐步支持计算机辅助工具的信息集成及产品配置、产品设计变更等管理，支持过程集成与虚拟产品开发，直至演变成支持企业间网络化协同工作和涵盖了产品研发、生产、售后服务等方面的产品生命周期管理工具，逐步形成了 PLM 的概念，如图1-3所示。

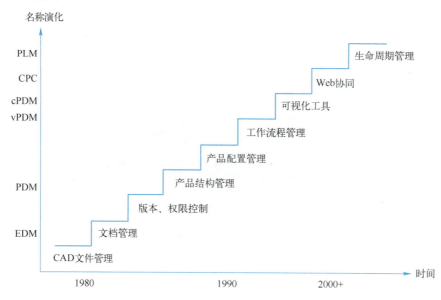

图1-3　PDM到PLM的演变过程

PLM技术使产品数据在其整个生命周期内具有唯一准确的数据源，确保已有的产品信息能够为企业中的所有用户共享使用，并且能有效管理业务流程与数据流向，确保及时可靠地把正确的数据，以正确的形式传递给正确的用户，完成正确的任务，提高工作效率，从而提高企业的竞争能力。

1.1.2　PLM的定义

PLM是一种技术理念，同时也是产品化的软件系统，是一个飞速发展的信息化新领域，目前在学术界和工业界并没有公认的产品生命周期管理概念的定义。许多企业管理咨询机构和软件供应商都对PLM给出了自己的定义。其中，CIMdata（专注于PLM领域全球领先的战略管理咨询和研究机构）的定义相对被广泛引用，其对于PLM的定义：PLM是一种战略性的业务模式和企业信息化策略，它应用一系列的业务解决方案，把人、过程和信息有效地集成在一起，支持产品信息在全企业和产品生命周期内（从概念产生到生命周期结束）的创建、管理、分发和使用过程。另一家企业信息化咨询公司Aberdeen对于PLM的定义是：PLM是从产品产生到消亡的产品生命周期全过程中，一整套可开发的、可互操作的应用方案，覆盖产品从概念设计、制造、使用，直至报废的每一个环节，建立PLM信息化环境的关键是要有一个记录所有产品信息的企业范围的中心知识库，用于保存企业的数据资源，实现基于任务的资源访问，并作为一个协作平台用于共享各种信息资源，实现企业范围的数据访问。

综上所述，PLM是一项企业信息化战略，是为了满足制造企业对产品生命周期信息管理的需求而产生的一种新的管理模式，支持产品生命周期中企业内部和外部的资源共享，实现以产品为核心的协同开发、制造和管理。PLM的管理对象是产品信息，既包括产品定义数据，同时也描述了产品是如何被设计、制造和服务的过程。

1.1.3 PLM 的主要功能

绝大部分 PLM 都是由 PDM 发展过来的，因此天然具备 PDM 的功能。在 PDM 的基础上，PLM 更侧重发展以下三方面能力。

1. 建立完整的产品数据模型

产品生命周期管理涉及许多部门和企业，包括了产品和过程整个生命周期的业务功能和资源，必须建立完整的产品数据模型才能满足不同阶段对产品信息的需求。由于汇集到 PLM 的产品数据来自于不同的软件系统，数据形式可能不统一，因此需要着重解决不同产品数据与系统的兼容性问题。

2. 对动态数据和过程的管理

传统的 PDM 对工作流管理考虑比较多，对项目管理考虑得相对较少。由于仅仅通过工作流管理来实现项目层面的监控是非常困难的，因此通过项目管理对动态的数据与过程进行管理在 PLM 中还需要逐步完善。另外，产品数据在生命周期中可能具有很多视图和状态，因此在 PLM 中需要能便捷地转换和查询一个产品的不同视图或数据结构状态。

3. 可扩展集成的体系结构

PLM 需要提供对各种 CAX 系统、ERP/CRM/SCM 系统及 MES 系统等的集成接口。这些系统或作为上游的数据提供方，或作为下游的数据接收方，通过 PLM 接口实现企业在使用系统品牌不同的情况下也能够通畅进行数据传输。另外，可通过开放 PLM 二次开发接口，以适应企业的定制功能要求，达到扩展 PLM 系统功能的目的。

由于开发商的不同，PLM 系统在功能上也存在区别，但是在总体上都具备三方面主要功能，即产品数据与结构管理、协同项目管理及信息集成。

1. 产品数据与结构管理

PLM 系统的数据管理功能基于数据的电子仓库（实现数据存储机制的数据库及其管理系统）。以电子仓库作为底层支持，能够完成产品数据分类、索引、状态跟踪、数据入库和出库等功能，同时通过电子仓库可以完成用户权限管理、数据版本管理、产品结构与配置管理等。

2. 协同项目管理

大型产品开发过程涉及设计、制造市场、销售以及客户服务支持等多个部门，PLM 系统的项目管理功能可促进跨部门甚至跨企业的信息交流，优化时间和资源分配方式，提高团队成员的活动效率，降低产品成本，缩短上市时间。除了项目流程的管理以外，有些 PLM 还侧重于人力资源、技术资源、设备资源等相关数据的管理。资源管理可通过建立全部企业资源资料库，实时跟踪各种资源的状态，为企业决策提供支持。

3. 信息集成

集成是 PLM 的一项关键技术，可以充分与其他业务系统（如 ERP/CRM/SCM 等）进行信息交换。信息集成平台将 PLM 系统与各种应用系统连接起来，支持系统之间的数据交换和共享。

图 1-4 所示为 PLM 系统框架，以产品数据源为基础，搭建 PLM 系统的主体功能模块，通过集成接口实现与外部关联系统的集成应用。

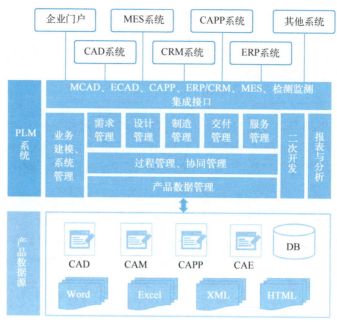

图 1-4　PLM 系统框架

1.1.4　基于 PLM 的数字化设计过程管理

数字化设计过程与传统设计相比具有以下特点。一是广泛使用 CAX 工具，使用 CAX 软件是数字化设计的基础，标志着数字化设计的开始。二是面向产品全生命周期，在设计阶段即开始考虑后续的环节，及早发现由于设计问题可能导致的全生命周期隐患，提出设计修改意见。三是设计过程基于知识经验，在长期大范围的广泛合作中，产品设计过程会产生和收集大量知识经验，同时在被重用过程中得到验证和迭代更新。四是并行协同，处于不同地域不同部门的人员在设计的不同阶段通过网络环境协同交互参与设计过程，例如下游工艺设计人员可以对上游机械设计人员输出的产品模型进行制造装配可行性评价，通过 PDM 向上游设计人员反馈评价结果及设计修改建议，再如工艺验证人员可以通过对加工过程的仿真模拟来检验工艺路线的可行性，向工艺设计人员反馈工艺修改建议。五是异构性，各部门人员在数字化设计中采用的 CAD/CAE/CAPP/CAM 等软件工具不尽相同，计算机配置与网络环境等平台也有差异，数字化设计需要在异构的环境下完成。

基于数字化设计过程的上述特点，PLM 着重对设计过程中的设计活动、产品数据和设计人员三个要素进行数字化管控。设计活动可以分为不同的阶段，例如：需求分析、概念设计、详细设计等。设计活动持续的过程中会产生一些阶段性的成果或交付物，这些就是产品数据。参与设计的项目组人员在设计活动中不断对产品数据进行处理、细化、修正、完善，直至设计数据具备发布到采购、生产制造等下游环节后，再持续根据下游环节对设计发布数据的反馈进行迭代修改。这是设计过程管理三要素之间的关系。

数字化的各类设计活动在 PLM 系统中以工作流程的形式存在。工作流程是为了达到一定的目标，由项目成员按照规范化的活动顺序完成任务的过程，其中可能包含若干个由不同成员参与的步骤且步骤间的先后顺序由任务的逻辑决定。

工作流程首先在 PLM 中被定义，然后由项目组人员进行任务步骤的执行和必要的审批。工作流程的定义是设定流程中的各个步骤、相互关系以及启动和终止条件，同时指定工作的承担者以及任务完成的时间节点要求等。大的工作流程中也可以嵌套小的工作流程。审批过程中，审批人员可以行使通过或否决权，将存在问题的数据反馈给上游设计人员，设计人员针对反馈对设计进行修改完善后再次提交审批，直至审批通过，数据流向下一个任务步骤。当一份设计数据涉及的所有审批均通过后，设计数据处于发布状态。发布状态的数据由于某种原因需要再次被修改时，就需要发起设计变更流程。设计变更流程是申请对设计数据进行调整的一套工作流程，只有设计变更申请被同意后才能对已发布的数据进行调整。由此可见，在管理工作流的同时 PLM 也管控着数据流。

图 1-5 所示是一个简单的产品设计工作流程，其具有两条路径，一是二维设计→工艺设计→BOM（Bill of Material，物料清单）审核；二是二维设计→三维设计→工艺设计→程序设计→BOM 审核。步骤间会设置审批环节，审批通过后，工作流程才能向下推进。在此过程中，PLM 对产生、修改和使用产品数据的过程进行协调和控制，完成对设计活动的管理。

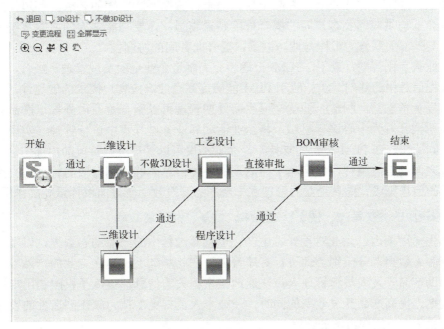

图 1-5　工作流程示例

PLM 需要处理的设计过程中的产品数据包括：产品支持数据、产品定义数据和设计过程数据。产品支持数据包括各种设计标准规范、标准件/通用件数据等；产品定义数据包括产品模型、图样、BOM、设计文档、仿真模型、仿真结果文件、工艺文件、NC 程序等；设计过程数据是设计工作流程中涉及产品数据审批、发布、变更等操作的数据。通过对产品数据的管理，确保产品数据结构正确、满足设计标准化要求，具备工艺可行性，数据版本清晰准确。

PLM 对设计人员的管理首先体现在权限管理。例如，汽车设计团队负责动力总成系统与转向系统开发的工程师分属不同部门，动力总成工程师只对发动机、离合器、变速箱等数据有添加/修改/申请变更的权限，而转向系统工程师没有对应的权限，反之同理。再如，动力总成工程师作为直接设计者不会被分配对应产品部件数据的审批权限，动力总成部门的负责人、工艺审核人员、标准化审核人员等一般会被赋予设计数据的审批权限。设计人员在 PLM 中被允许和禁止的操作与其对应的权限直接相关。基于权限管理机制，可以对项目团队成员进行组织，针对不同设计活动的工作流程为项目成员分配任务。

1.1.5 PLM 对企业的作用和价值

前文提到，广泛使用 CAX 软件是数字化设计的基础，标志着数字化设计的开始，企业的数字化设计过程也是由此开始的。在企业数字化设计的初级阶段，电子化的产品数据会分散保存在产品开发技术人员的个人计算机中，且不易查找和管理，由此带来产品电子文档管理落后的诸多问题。

1）电子文档与纸质文档的版本不易同步统一。
2）数据分散查找不方便，无法反映数据之间的关联性。
3）产品信息没有按零部件的特性或其他便于管理的方式进行分类。
4）数据缺乏安全保护，可随意复制与删除，或因计算机故障导致数据永久丢失。

另外，企业中的全新设计工作极少，多数设计工作都是在原有设计基础上进行改型。对已有设计结果数据的参考需求高，但又缺乏方便的数据查询与知识管理，导致设计数据重用率、设计效率降低。经济一体化发展，产品个性化需求，货期不断压缩的要求，都迫使产品开发与生产之间、企业与供应商及客户间的耦合程度越来越强，需要功能强大的协同系统来满足企业内部及企业与外部关联方的工作与业务联系，提升业务间的协同性。

在制造业数字化转型背景下，PLM 已逐步成为制造企业全面实现管理、经营、设计、制造和服务等过程信息化的基础。实施应用 PLM 能够提高企业响应客户需求的敏捷性，快速响应不断变化的市场竞争态势。制造企业的产品生命周期管理可以整合企业内外部以产品为核心的资源并以产品协同开发为中心进行组织，将企业活动和业务过程集中进行管理，实现以产品为核心的企业协同运作。在 PLM 平台的支持下，企业不仅可以管理不同阶段的内部信息，还可以实现不同阶段之间的信息整合，使产品生命周期的各种信息能够得到有效的管理、交换和共享，在实现企业的信息集成、提高企业的管理水平及产品开发效率等方面发挥重要的作用。

1. 数据资源的分类管理，便于快速检索，提高产品开发效率

在产品生命周期内，企业对设计、生产、运营等过程中的产品动态数据，以及技术手册、标准信息等静态数据，分门别类地进行有序管理，在此基础上，建立企业的产品数据和零部件库，可以帮助产品开发人员和管理人员快速地检索相关的信息，被赋予权限的用户均可使用这些信息或数据，提高产品开发效率的同时，使技术人员将更多精力放在创造性的设计活动上，提升产品的竞争力与推向市场的速度。

2. 有效的版本管理和工程变更管理，保证产品数据的准确性和一致性

有效的版本管理能使所有产品开发项目人员对同一数据对象进行操作，保证数据的最新版本，避免设计上的重复和数据引用的错误，同时确保产品开发过程的可追溯性。通过有效管理产品生命周期内的工程变更，对企业基本数据进行管控，可以确保设计与制造信息的一致性与准确性，避免设计信息变更不同步导致的生产问题，提高数据使用的安全性。

3. 实现产品开发流程的规范化管理

在实施产品生命周期管理的过程中，可以帮助企业理顺产品开发流程，在一些关键环节上固化流程，实现过程管理的规范化。PLM 系统可以通过信息化的数据发布和电子审签程序加强流程控制，有利于核心任务的关键步骤得到有效管理和控制。

4. 实现设计过程中的信息集成

CAD、CAPP、CAM 系统在产品设计、工艺规划和数控编程方面具有重要作用，但这些各自独立的系统并不能实现系统之间信息的自动传递和交换。目前 PLM 系统是最好的 CAX 集成平台，不同的 CAX 系统可以从 PLM 中提取各自所需要的信息，并集成在统一的平台上进行工作。PLM 自始至终贯穿着集成的思想，它对各部门各环节产生的产品信息、流程数据、工程知识数据进行合理的规划和管理，并把这些数据作为单一数据源为其他各种软件系统与应用提供基础数据，避免了数据的异构和来源重复。

5. 实现跨部门的产品信息传递

人、财、物、产、供、销是企业实现经营管理与决策的核心业务对象，通过 ERP（Enterprise Resource Planning，企业资源计划管理）系统来对这些业务资源进行统一管理。PLM 提供了产品整个生命周期的数据和模型，是 ERP 系统中的产品数据源头。PLM 是沟通产品设计、工艺规划、制造资源、外协采购和管理信息系统之间信息传递的桥梁，从 PLM 系统中获取 ERP 系统所需的产品信息，能够保证 BOM 信息的一致性，从而实现制造企业跨部门的产品信息传递。

6. 促进制造企业的全面质量管理

制造企业通过实施产品生命周期管理，建立适应产品质量认证和全面质量管理的环境。产品形成过程中质量保证的所有步骤必须与产品数据和过程数据紧密地联系在一起，同时企业的质量管理系统需要与 CAD、CAPP 等企业其他的应用系统有机地集成起来。规范地控制、检查、更改和管理过程信息，有助于企业按照产品质量标准的要求，实施全面的质量管理。

7. 为跨企业的协作提供协同工作环境

通过 PLM 建立跨平台的网络、数据库、应用系统的计算机环境，提供应用系统之间的信息传递与交换平台，以及基于网络的协同工作环境，为跨企业的协作提供必要的支持。不但能实现企业内部的技术与业务人员之间的数据共享和远程协同操作，还可以实现制造企业与客户、供应商和业务伙伴之间的协作关系。

从企业经济效益的角度来看，据统计，在一些 PLM 技术应用较为广泛的发达国家，PLM 的实施大约可使工程成本降低 10%，产品生命周期缩短 20%，工程变更控制时间缩短 30%，工程变更数量减少 40%，从而达到降低产品成本、缩短新产品开发时间、改进产品和服务质量的目的。

任务 1.2　认识 CAXA PLM

1.2.1　CAXA PLM 的模块与应用

CAXA PLM 协同管理平台的系统架构如图 1-6 所示，基于 CAXA 自主开发的研发平台 CAXA EAP 提供底层开发技术，支撑应用层功能模块的开发。图中应用层的整个图面构成了完整的 PLM 协同管理解决方案。EDM（图文档管理）模块主要管理设计工艺相关图文档数据，以及工作流程电子签审；PDM（产品数据管理）模块主要支持编码规范定义/编码申请及维护、零件分类管理以及 BOM（物料清单）管理，且包含与 CAD/CAPP 系统的集成功能；CAPP（计算机辅助工艺设计）模块主要支撑工艺文件的编制与知识累积复用；PLM（产品生命周期管理）模块包含项目管理、变更管理和配置管理等数据管理功能，以及侧重于与企业资源管理、生产管理数据贯通相关的功能，例如工时定额、汇总报表、发图管理、ERP 集成等。

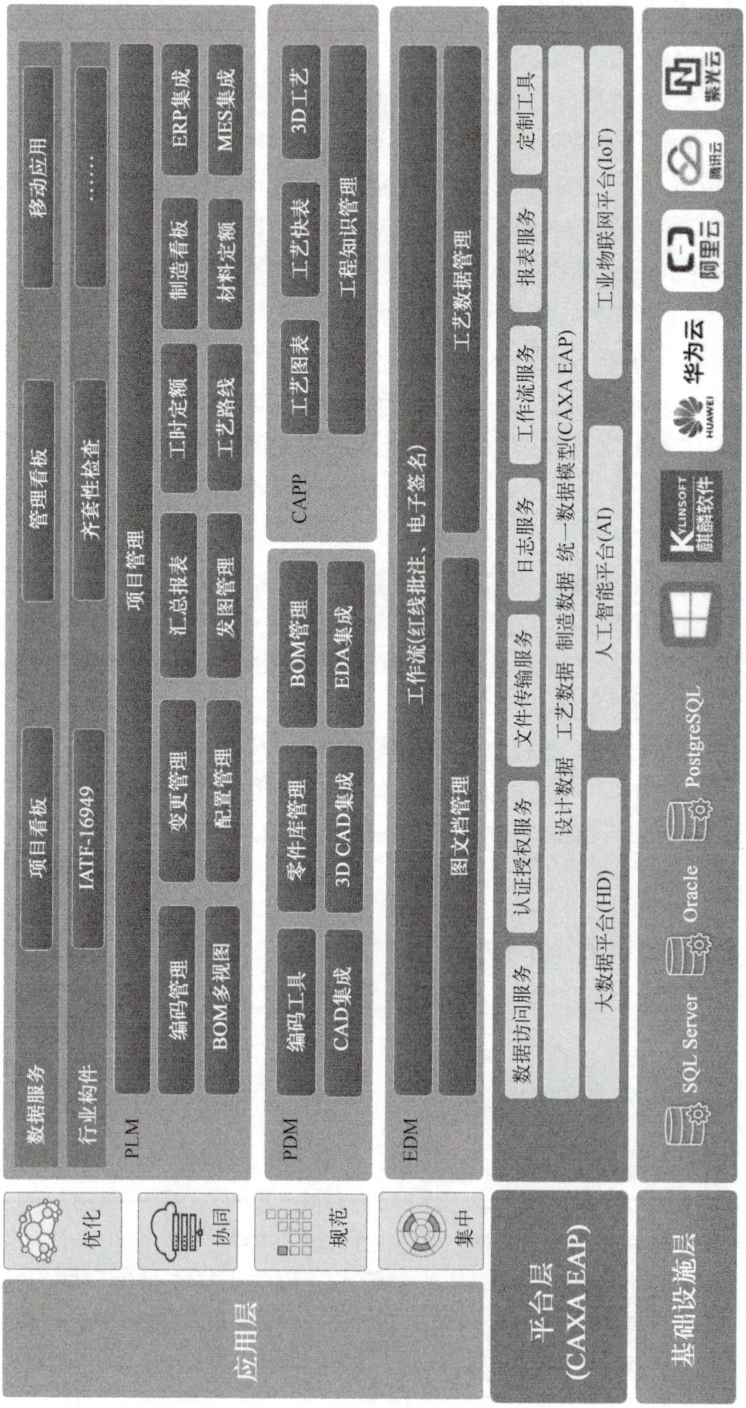

图 1-6 CAXA PLM 协同管理平台的系统架构

产品模块化的架构便于企业根据业务的发展需要,进行功能模块的灵活组合与应用扩展。例如,选取图文档管理、工作流、编码工具、BOM 管理、CAD 软件集成接口、工艺数据管理等模块,可以架构出以 PDM 产品数据管理功能为主的应用平台,支撑企业设计、工艺数据规范化、结构化、流程化管理需求。在此基础上增加项目管理、配置及变更管理与上下游 ERP 及 MES 系统集成等功能,可以形成以"项目-设计-工艺-制造协同"为主要功能的协同管理平台,基于统一的基础数据实现项目管理、设计工艺协同、工艺数据结构化管理与积累重用,以及与制造资源管理端和生产管理端的数据贯通。

1.2.2 认识 CAXA PLM 界面

CAXA PLM 协同管理系统界面主要由四个大的区域视图组成,包括系统菜单、树结构视图、属性窗口、业务窗口。CAXA PLM 系统可以分为图文档管理系统和工艺数据管理系统。图文档管理系统工作环境(见图 1-7)与工艺数据管理系统工作环境(见图 1-8)的界面风格和基本布局是一致的,但由于二者管理的数据内容范围和功能要求各有侧重,工艺数据管理在系统菜单中会设置针对工艺数据的编辑管理工具,树结构视图中会设置工艺树结构,且界面右侧会集成工程知识库便于工艺数据的快速录入。本书各任务以图文档管理系统工作环境为载体进行说明。

图 1-7 CAXA PLM 图文档管理系统界面

1. 系统菜单

系统菜单将系统的功能模块,包括一些操作工具、配置工具和管理工具等,以选项卡的形式集成在界面上方,单击某个菜单选项后,下方会弹出相应的工具栏,显示更具体的功能选项。由于每个企业对 PLM 系统的功能需求不同,PLM 系统的定制化内容各不相同,不同企业的 PLM 配置的功能模块存在差异,对应的系统菜单中选项卡的个数和模块名称也不同。

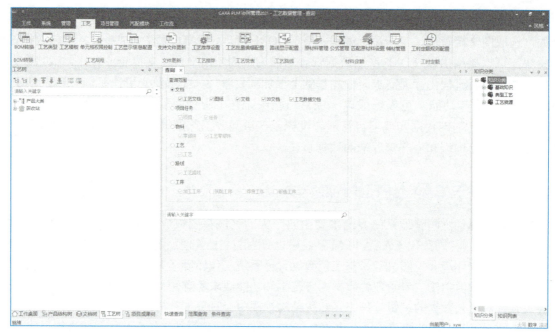

图 1-8　CAXA PLM 工艺数据管理界面

2．树结构视图

树结构视图主要包括产品结构树、文档树和工作桌面三个子选项。

"产品结构树"视图是以树形结构形式管理产品零部件构成的视图，树形结构上的每个"枝权"叫作一个"节点"，节点上可以挂载产品/零部件图纸、文档、文件夹等可以操作和管理的对象。产品结构树是 PLM 系统中的一个重要概念，由产品大类、产品、零部件、产品文件夹、子文件夹、文档等组成，其层级关系如图 1-9 所示，每个产品大类下的层级关系规则都是相同的。在项目 2 中将对产品结构树的相关内容进行详细讲解。

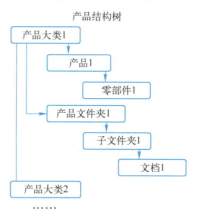

图 1-9　产品结构树层级

"文档树"视图是以文件夹层级目录形式存放的树形结构视图，适合单独管理产品相关的设计标准、项目管理文件、图纸、文档等，尤其是对个人用户或者产品图纸不是以零部件形式组织的使用场景。图 1-10 所示为某企业按照技术资料、行业标准、体系文件等结构搭建的全公司标准资料发布平台，并且通过权限控制核心保密资料与公开资料的管控。

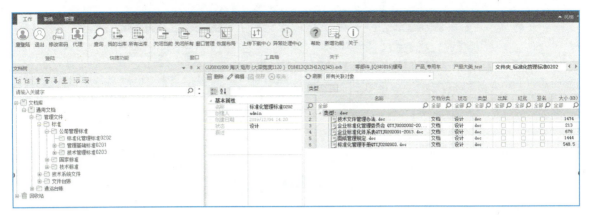

图 1-10　标准资料发布平台示例

可以通过右击对象节点调出右键菜单的方式操作产品结构树和文档树中的对象，也可以通过双击挂载在树结构上的对象打开子页面进行操作。

"工作桌面"视图主要包含"我的任务""收藏"两个主要功能，并且集成了消息提醒以及"工作流"菜单选项卡下针对审批流程的操作。"我的任务"中主要包括未完成任务、超期任务、预警任务、已完成任务。单击"未完成"会显示未完成任务列表，包括已接收和未接收的任务，如图 1-11 所示。单击一个未完成任务会展示未完成任务的属性信息，以及该任务的关联对象列表。例如，当设计工程师发起图纸审批流程后，被选中的审批人员就将在"我的任务"中收到一个未接收的任务，审批人员通过进一步操作来接收任务并执行审核操作，执行审批流程。此部分内容在项目 3 流程审批相关任务中将具体讲解。

图 1-11　工作桌面

通过"我的收藏"可以将产品结构树和文档树上的节点通过右键菜单"添加收藏"的方式添加到"我的收藏"这棵树结构中。当产品系统很复杂时，每个工程师所管理和关注的零部件是很有限的，当产品结构树很庞大的时候，用户检索关注的对象过程会比较烦琐。此时用户可以将关注的数据添加到"我的收藏"，如图 1-12 所示。每次只需要操作"我的收藏"树上收藏的节点，便于提高操作效率。

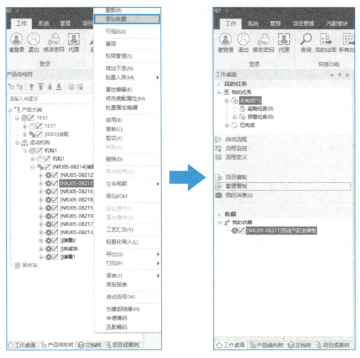

图 1-12　添加收藏

3. 属性窗口

属性窗口是树结构上对象的属性信息列表,同时提供操作属性的工具栏,如图 1-13 所示。对于不同的对象,其工具栏提供的功能按钮不相同。

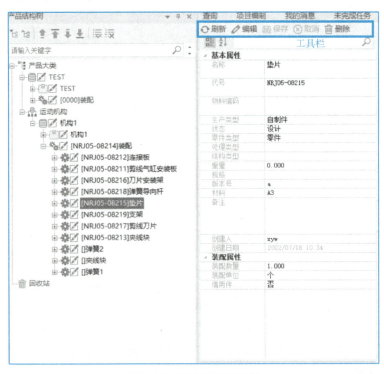

图 1-13　属性窗口工具栏

4. 业务窗口

业务窗口是对数据和流程进行管理操作时的主要操作区域，根据对象类型不同，业务窗口下方的对象子页面会有很大区别。例如，在产品结构树中选中某一零部件对象，业务窗口有"历史 BOM"子页面；选中某一产品对象，业务窗口有"产品 BOM"子页面，图纸文件的业务窗口有"浏览"子页面，如图 1-14 所示。

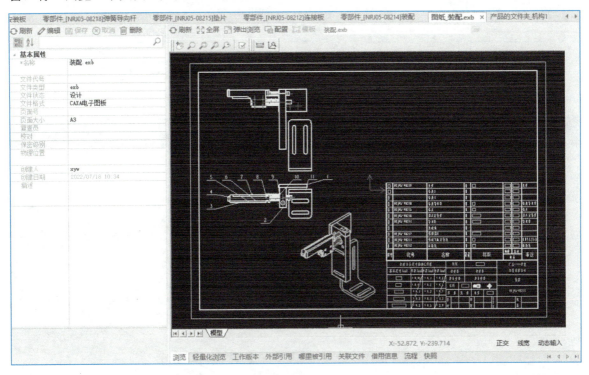

图 1-14　图纸的业务窗口

主界面下方显示的其他属性信息还包括系统状态和系统信息，系统状态表示系统运行的当前状态，系统信息显示当前用户名称，如图 1-15 所示。

图 1-15　其他属性信息

1.2.3　协同管理的基本流程

协同管理过程中，涉及不同业务环节的上下游部门人员参与，其工作职责、文件的增删查审权限、关注的工作要点、负责的交付物等各不相同。因此，产品生命周期中的协同工作，需要基于对不同部门角色人员的操作权限管理展开。关于权限相关的内容，在项目 2 中将详细介绍。

产品数据管理的基本流程如图 1-16 所示。一般来讲，PLM 系统通过集成 CAD 制图、

3D 建模、电气设计等软件支撑产品的多据点协同开发设计，也就是说不同部门的人员均可以通过统一的集成环境调用产品设计软件进行设计数据的查看与修改操作，如图 1-17 所示。也可以调用 PLM 中已有的设计数据进行借用，完成设计环节数据的生成、存储、审批与修订。

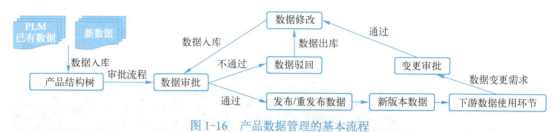

图 1-16 产品数据管理的基本流程

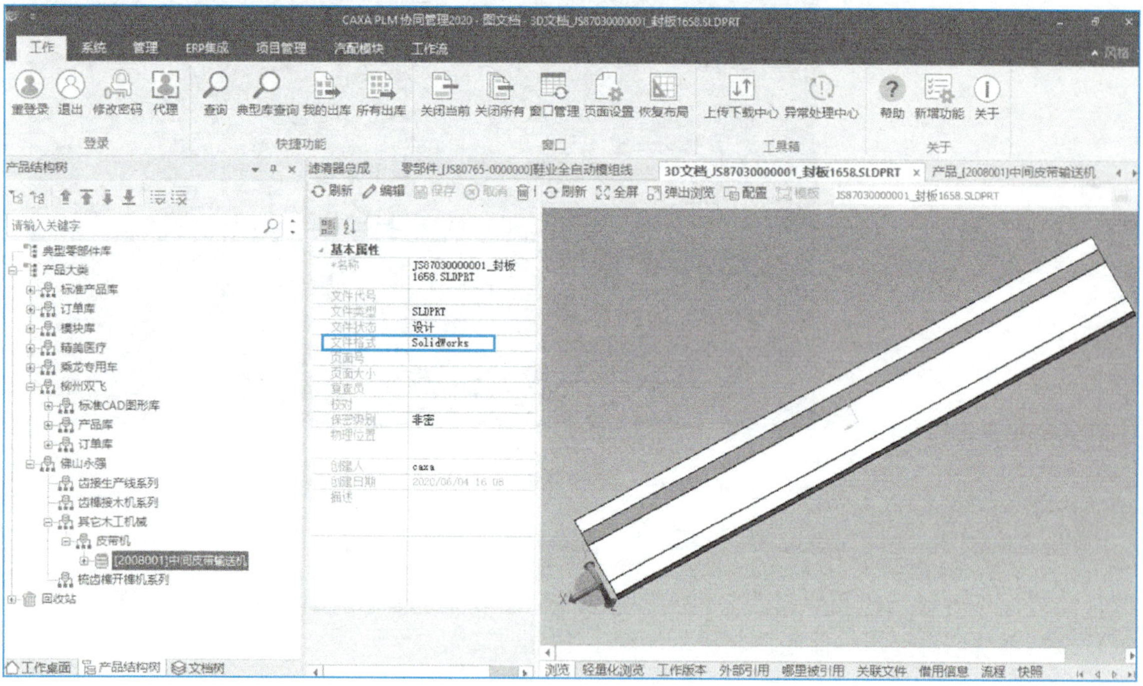

图 1-17 查看设计数据

对于在工程师使用的客户端计算机上完成初步设计的产品数据，可以通过数据的入库操作将产品设计数据信息保存到 PLM 系统服务器，并形成数据的第一个版本，同时按照产品各个子系统的零部件层级形成产品结构，如图 1-18 所示。项目 2 将对此部分内容进行详细讲解。

接下来需要通过审批流程对设计数据的质量进行判断，以机械设计数据为例，设计满足机械原理要求仅仅是基本要求，同时需要在加工工艺可行性、与关联件配合、可维修性、装配防呆、文件是否达到企业标准化等方面进行审核。对于不同的设计图纸或文档设置不同的审批流程，选择不同的主责审批人员完成对应检查项的审查并给出修改意见，做到"查不漏项"，确保数据审核的严谨性。

项目 1　认识 PLM 技术

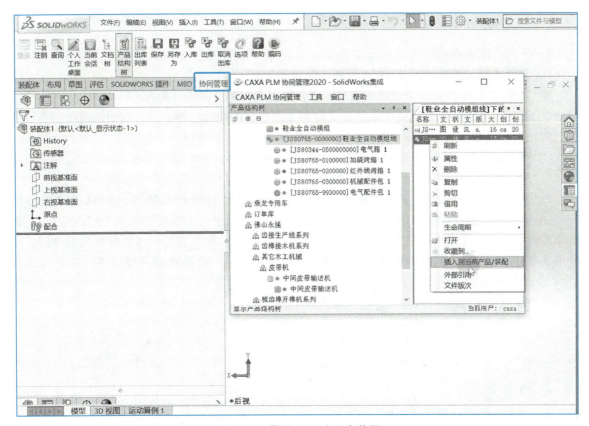

图 1-18　借用 PLM 中已有数据

在数据审核过程中，数据是可以进行修改的，此时通过出库操作将待修改数据暂时从 PLM 系统服务器中"取出"，以免同时有多人对其进行操作造成冲突和混乱。另外，由于同一产品各子系统的零部件或多或少存在相互配合关系，某一子系统数据的修改有时依赖于参照另外一个相关联的子系统数据，因此在数据修改完成后要及时重新入库，使 PLM 系统中的数据及时更新为最新最准确的设计数据，避免对其他系统数据修改产生误导。设计更改后，数据版本将被修订，此部分内容将在项目 3 中详细介绍。完成产品设计数据审核并通过后，可提交发布或根据实际情况在较大修订后重发布（详见项目 6），最终形成能够流向下游业务环节的版本数据，进行诸如工艺制定、委外供应商定点等后续环节。下游部门的协同管理流程同理，例如，工艺部门的工艺文件制定、存储、审批、修订与发布，在 PLM 系统中的处理逻辑类似。在协同管理的过程中均要遵循相同的标准框架与规则。

【习题】

一、判断题

1．PLM 的产生与发展伴随着设计方式的变革，是逐步在 PDM 系统的基础上对内涵和范围进行扩展和延伸所产生的。（　　　）

2．PLM 着重对于设计过程中的设计活动、产品数据两个要素进行数字化管控。（　　　）

二、选择题

1. 下列说法正确的是（   ）。

① 产品数据与结构管理是 PLM 最基本的功能

② PLM 主要管理企业在设计、生产、运营等过程中的产品动态数据

③ 工艺数据管理在系统菜单中会设置针对工艺数据的编辑管理工具，树结构视图中会设置工艺树结构，而图文档环境中没有

④ 产品结构树节点上仅可以挂载产品/零部件图纸文件

    A. ①②③④   B. ①③④   C. ①②③   D. ①③

2. 对于在工程师使用的客户端计算机上完成初步设计的产品数据，可以通过数据的（　　）操作将产品设计数据信息保存到 PLM 系统服务器，并形成数据的第一个（　　），在数据审核过程中，数据是可以进行修改的，此时通过（　　）操作将待修改数据暂时从 PLM 系统服务器中"取出"，数据修改完成后要及时重新（　　）。设计数据审核并通过后，可提交（　　）或根据实际情况在较大修订后（　　）。

    A. 出库；版本；入库；出库；发布；重发布

    B. 入库；版本；出库；入库；发布；重发布

    C. 入库；流程；出库；入库；发布；重发布

    D. 入库；流程；出库；入库；重发布；发布

三、简答题

1. 简述对产品结构树的理解。

2. 数据的审批通过 CAXA PLM 的什么功能完成？审批要点包括什么？

项目 2　建立产品结构树

教学目标

知识目标：

1. 了解 PLM 系统中部门、角色、人员的定义及其关系；
2. 了解权限的定义及其分配流程；
3. 理解产品结构树的组成及作用；
4. 理解产品大类、产品、总装、零部件的定义及其基本属性；
5. 理解产品大类、产品、总装、零部件的层级关系；
6. 了解产品文件夹的作用；
7. 理解 Excel 文件、3D 装配文件、2D 装配图纸与 PLM 的属性映射关系；
8. 理解自制件、外购件、标准件、外协件的生产类型概念；
9. 理解 PLM 匹配规则中，自制件、外购件、标准件、外协件的自动识别方法；
10. 理解 PLM 匹配规则中，零部件唯一性的自动识别方法；
11. 理解原件、借用件的概念，以及产品标准化程度的判断；
12. 理解建立产品结构树的基本方法及其应用场合。

能力目标：

1. 能够使用账号正确登录 PLM 系统；
2. 能分析具体型号产品的结构与零部件组成明细，构建合理的产品结构逻辑；
3. 能通过手工方式建立产品结构树；
4. 能通过 Excel 文件建立产品结构树；
5. 能通过 3D 装配文件建立产品结构树；
6. 能通过 2D 装配图纸建立产品结构树；
7. 能根据不同的应用场合，综合各种方法建立产品结构树。

素养目标：

1. 具有良好的网络安全、数据安全意识，严格遵守所在单位的网络规则；
2. 养成良好的 PLM 系统使用习惯，具有良好的工作流程意识；
3. 具有良好的 PLM 角色权限与职责意识；
4. 具有良好的网络协作精神；
5. 具有良好的产品标准化及其转化为产品结构树的意识。

项目分析

产品结构管理是 CAXA 协同管理为装备制造等机械制造行业提供的数据管理方法，产品结构树是产品结构管理的表示形式。在"产品结构树"标签视图中，通过产品大类对企业中的产品进行分类，产品具有总装、部件、零件等组成部分，产品下零部件之间的关系通过结构树来表示。在产品结构树中,产品下的每一个节点代表一个零部件,一个零部件可以关联多个图纸文档。

CAXA PLM 系统支持多种创建产品结构树的操作方法。企业可以根据自身现有的实际条件,有效地创建适合自身的产品结构树。创建产品结构树的主要方法有表 2-1 列举的四种,可以综合使用。

表 2-1 创建产品结构树的方法及使用场景

序号	产品结构树创建方法	使用场景
1	通过手工方式	进行全新的产品设计,无前期产品资料,先手工建立产品结构树进行协同设计
2	通过 Excel 文件	产品资料不齐全尚不成形,或前期产品 BOM 以 Excel 存档,首先在 Excel 中完善清单,再通过 Excel 创建产品结构树。通过 Excel 创建之后,可再以手工方式增加、删减、移位等操作调整产品结构树
3	通过 3D 装配文件	产品图纸以 3D 为主、较为齐全,通过 3D 装配创建产品结构树。3D 图档格式支持常规使用的设计软件,如:CAXA 实体设计、SolidWorks、CATIA、NX 等。通过 3D 图档创建之后,可再以手工方式增加、删减、移位等操作调整产品结构树
4	通过 2D 装配图纸	产品图纸以 2D 为主、较为齐全,通过 2D 装配图创建产品结构树。2D 图纸格式支持*.exb、*.cxp、*.dwg。通过 2D 装配图创建之后,可再以手工方式增加、删减、移位等操作调整产品结构树

图 2-1 是剪线钳 jxq-2201 的 3D 装配,表 2-2 是剪线钳 jxq-2201 的产品结构树清单,在任务 2.2~2.5 中,以"剪线钳 jxq-2201"为例,使用表 2-1 中列举的各种方法详细演示产品结构树的创建流程,以及其中的配置问题与关键事项。表 2-2 中"序号"的格式,是 CAXA 产品结构树中的层级表示格式。

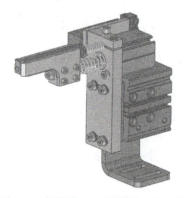

图 2-1 剪线钳 3D(型号 jxq-2201)

表 2-2 剪线钳 jxq-2201 的产品结构树清单

序号(层级)	代号	名称	数量	材料	单重(kg)	生产类型	零件类型	备注
1	jxq-2201-0100	支座部装	1			自制件	部件	
1.1	jxq-2201-0101	支架	1	Q235	0.17	自制件	零件	
1.2	jxq-2201-0102	安装板	1	Q235	0.27	自制件	零件	
1.3	jxq-2201-0103	连接板	1	Q235	0.07	自制件	零件	
1.4	TCL12x20S_WG	三轴气缸	1			外购件		
1.5	ACQ16x10SB_WG	超薄气缸	1			外购件		
1.6	M5D11006_WG	手动阀	1			外购件		

(续)

序号 (层级)	代 号	名 称	数量	材 料	单重 (kg)	生产类型	零件类型	备注
1.7	GB/T 819.1-2016	螺钉：平头 － M4.0×10.0	2			标准件		
1.8	GB/T 70.1-2008	螺钉：圆柱头 － M3.0×25.0	2			标准件		
1.9	GB/T 70.1-2008	螺钉：圆柱头 － M4.0×8.0	1			标准件		
1.10	GB/T 70.1-2008	螺钉：圆柱头 － M4.0×20.0	7			标准件		
1.11	GB/T 70.1-2008	螺钉：圆柱头 － M5.0×12.0	4			标准件		
1.12	GB/T 95-2002	垫圈：平垫圈 － M4.0×0.8	4			标准件		
1.13	GB/T 95-2002	垫圈：平垫圈 － M5.0×1.0	4			标准件		
2	jxq-2201-0200	夹线部装	1			自制件	部件	
2.1	jxq-2201-0201	夹线导向杆	1	Cr12MoV	0.03	自制件	零件	
2.2	jxq-2201-0202	夹线杆	1	Cr12MoV	0.02	自制件	零件	
2.3	jxq-2201-0203	夹线块	1	Cr12MoV		自制件	零件	
2.4	GB/T 119.1-2000	圆柱销 不淬硬钢和奥氏体不锈钢 2×8	1			标准件		
3	jxq-2201-03	弹簧导向杆	1	45	0.01	自制件	零件	
4	jxq-2201-04	刀片安装架	1	Cr12MoV	0.06	自制件	零件	
5	jxq-2201-05	垫片	1	Q235		自制件	零件	
6	jxq-2201-06	剪线刀片	1	Cr12MoV	0.03	自制件	零件	
7	GB/T 70.1-2008	螺钉：圆柱头 － M3.0×8.0	4			标准件		
8	GB/T 70.1-2008	螺钉：圆柱头 － M4.0×8.0	1			标准件		
9	GB/T 2089-2009	压缩弹簧 YA1.0×9×29	1			标准件		
10	GB/T 2089-2009	压缩弹簧 YA1.2×12×44	1			标准件		

任务 2.1　启动并登录 PLM 系统

任务内容：使用相应的账号、密码登录 PLM 系统。认识 PLM 系统中部门、角色、人员的创建方法，以及人员权限设置与分配的方法。

2.1.1　PLM 的用户权限与管理

CAXA PLM 协同管理系统中设置系统管理员，系统管理员可以创建、编辑、删除角色和用户，并且可以设置每一个角色、用户的权限。

系统管理员登录 PLM 协同管理系统后，用户权限与管理操作流程如下：根据实际情况设置不同的角色→为角色分配权限→创建用户→为用户分配角色。

角色用来制定用户在工作中承担的责任。不同的用户可以分别具备不同的角色，即具有不同的权限，也可以具备相同的角色，还可以同一个用户同时具备几种不同的角色，即同时具备这些角色的权限。

2.1.2 登录 PLM 系统

初次运行以默认的系统管理员账号 system 登录，如图 2-2 所示。CAXA PLM 协同管理软件界面如图 2-3 所示。

图 2-2　PLM 登录窗口

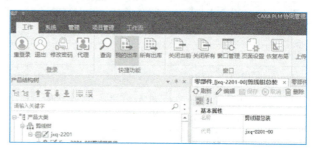

图 2-3　CAXA PLM 协同管理软件界面

2.1.3 进入"人员权限管理"模块

CAXA PLM 协同管理系统设置专门的"人员权限管理"模块对用户进行设置与管理，如创建部门、角色、人员以及权限分配。

操作流程如图 2-4 所示。在协同管理软件界面，单击"管理"菜单栏→"人员权限管理"，进入如图 2-5 所示的"人员权限管理"模块的操作界面。

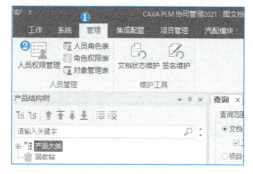

图 2-4　进入"人员权限管理"模块

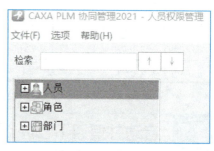

图 2-5　"人员权限管理"模块界面

2.1.4 创建部门

PLM 系统主要反应跟产品设计与制造相关的部门，因此本案例中创建设计、工艺、生产、标准化、信息技术和文控中心六个部门。

（1）编订部门标识

PLM 系统中的部门标识可由"部门编码+部门名称"组成，表 2-3 所示为部门标识的一种形式。本案例中的部门标识形式是用于演示 PLM 的部门设置操作，仅供参考。部门标识应根据所在企业的需求来确定，形式可以多样，以适合自身需求为好。

进入"人员权限管理"模块及创建部门

表 2-3　PLM 系统中的部门标识

部门编码	部门名称
01	设计部
02	工艺部
03	生产部
04	标准化部
05	信息技术部
06	文控中心

在本案例中，部门命名方式为"部门编码+下划线+部门名称"，如设计部在 PLM 系统中的完整命名为"01_设计部"，其余同理。

（2）创建部门

创建部门操作流程如图 2-6 所示。右击左侧工具栏"部门"→在弹出菜单中选择"新增部门"→在右侧设置新增部门的基本属性，如部门的名称、电话、地址等基本信息→单击"保存"按钮，完成部门创建。

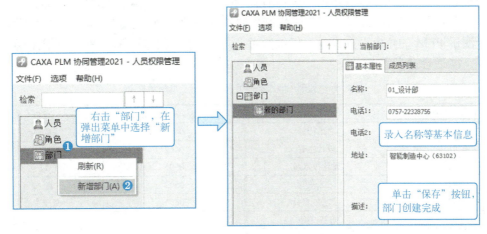

图 2-6　部门创建流程

采用同样操作，创建表 2-3 中列出的各个部门，创建结果如图 2-7 所示。

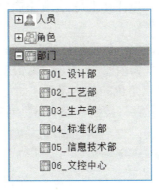

图 2-7　部门创建示例

说明：部门、角色、人员的管理窗口包括"新增""删除""编辑""保存""取消"功能按钮，如图 2-8 所示。

1)"新增"：创建新的部门、角色或人员。
2)"删除"：删除已存在的部门、角色或人员。
3)"编辑"：编辑已存在的部门、角色或人员信息。
4)"保存"：保存新的或编辑过的部门、角色或人员。
5)"取消"：取消当前对部门、角色或人员的修改操作。

图 2-8　操作界面的功能按钮

2.1.5 创建角色、人员并分配权限

围绕设计、工艺、制造的工作流程，创建相应的角色和人员，并分配权限。

以角色"设计技术员"为例，创建"设计技术员"角色并分配基础权限，示例操作流程。其他角色创建及其权限分配与"设计技术员"角色的操作方法一样。

（1）编订角色标识

角色标识可由"部门编码+角色编码+角色名称"组成，表 2-4 所示为一种形式的角色标识方法。本任务选取"设计-标准化-工艺-生产"主线的角色为例进行操作演示。角色标识形式是为了用于演示 PLM 的角色设置操作，仅供参考。角色标识应根据所在企业的需求来确定，形式可以多样，能适合自身需求为好。

表 2-4 "设计-标准化-工艺-生产"的角色标识

部门编码+角色编码	角色名称	部门编码+角色编码	角色名称
0100	总工程师	0401	标准化主管
0101	设计主管	0402	标准化技术员
0102	设计技术员	0501	IT 主管
0201	工艺主管	0502	IT 技术员
0202	工艺技术员	0601	文控中心主管
0301	生产主管	0602	文控中心文员
0302	生产技术员	—	—

在本案例中，角色命名方式设为"部门编码+角色编码+下划线+角色名称"，如设计技术员在 PLM 系统中的完整命名为"0102_设计技术员"，其余同理。

（2）创建角色，授予权限

角色的权限经过企业讨论之后确定，角色创建后应为每一个角色授予权限。

创建角色、授予权限的操作流程如图 2-9 所示。右击左侧工具栏"角色"→在弹出菜单中选择"新增角色"→在右侧设置新增角色的基本属性，如角色的名称、描述等基本信息→设置功能权限→设置对象权限→单击"保存"按钮，完成角色创建。

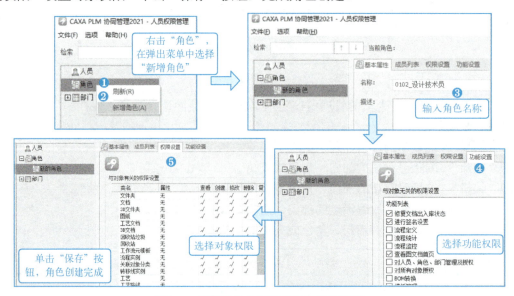

图 2-9 创建角色并授予权限的操作流程

采用图 2-9 操作流程，创建其他角色并分配其相应权限，示例效果如图 2-10 所示。

图 2-10　角色创建示例

（3）创建人员，归属到相应角色与部门

在本案例中，人员编码设置为"部门编码+角色编码+人员编码"，见表 2-5。考虑部门人员数量可能较多，人员编码采用三位数或更多位数，视企业人员规模而定。如设计技术员 A 的工号设为"0102001"，第 1~2 位为部门编码、第 3~4 位为角色编码、第 5~7 位为人员序号。

人员名称是系统的登录账号，本案例使用统一的人员名称，如设计技术员 A、设计技术员 B 等。在实际中，人员名称可以使用员工的真实姓名。

表 2-5　人员编码与人员名称示例

人员编码	人员名称	人员编码	人员名称
0100001	总工程师	0302002	生产技术员 B
0101001	设计主管	0401001	标准化主管
0102001	设计技术员 A	0402001	标准化技术员 A
0102002	设计技术员 B	0402002	标准化技术员 B
0201001	工艺主管	0501001	IT 主管
0202001	工艺技术员 A	0502001	IT 技术员 A
0202002	工艺技术员 B	0601001	文控中心主管
0301001	生产主管	0602001	文控中心文员
0302001	生产技术员 A	—	

以"设计技术员 A"为例，创建人员，归属角色、部门、配置签名的操作流程如图 2-11 所示。右击左侧工具栏"人员"→在弹出菜单中选择"新增人员"→设置新增人员的基本属性，如工号、姓名、口令等基本信息→设置人员所归属的角色→设置人员所归属的部门→配置人员的签名项→单击"保存"按钮，完成人员创建。

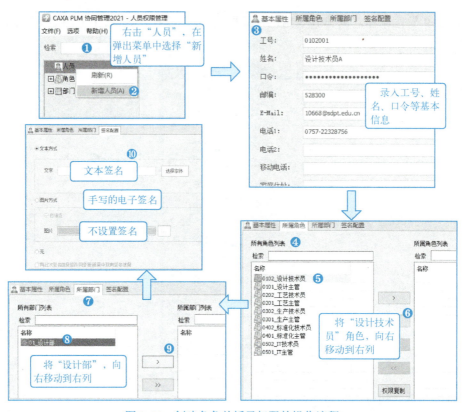

图 2-11 创建角色并授予权限的操作流程

采用图 2-11 的操作流程，创建其他人员，并归属其角色、部门，配置其签名，人员创建示例，如图 2-12 所示。

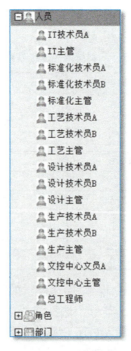

图 2-12 人员创建示例

任务 2.2 通过手工方式建立产品结构树

任务内容：设计技术员 A 通过手动的方式，在 CAXA PLM 中建立型号为"jxq-2201"的剪线钳的产品结构树，清单见表 2-2。创建产品结构树的操作过程：创建产品大类（剪线钳、外协件库、外购件库、标准件库）→添加剪线钳的外购件到外购件库节点→添加剪线钳的标准件到标准件库节点→在剪线钳节点下，创建型号 jxq-2201 产品→添加剪线钳的自制件到剪线钳 jxq-2201 节点。

2.2.1 创建产品大类、零件类库

在左侧的"产品结构树"视图栏中，创建剪线钳相关产品大类的最高层级，分别命名为剪线钳、外协件库、外购件库、标准件库。

创建产品大类、零件类库、外购件库、标准件库

剪线钳层级：放置剪线钳产品的自制件（自主生产的零件、部件）、外协件、外购件、标准件等全部物料清单，同时体现剪线钳零部件的结构关系。

外协件库：放置发外协作的零件。
外购件库：放置市场购置的气动、电器、液压等零部件。
标准件库：放置符合国家标准的螺钉、垫圈等零部件。

新建产品大类"剪线钳"的操作流程如图 2-13 所示。右击"产品大类"→在弹出菜单中选择"新增产品大类" →输入名称"剪线钳"→单击"保存"按钮，完成创建。

图 2-13 新建产品大类的操作流程

外协件库、外购件库、标准件库的创建操作与图 2-13 一样，创建结果如图 2-14 所示。

图 2-14 产品大类层级的创建结果

2.2.2 创建外购件库

在外购件库中创建不同类别,以便于分类管理,如本案例中创建气动件类、液压件类、电器件类。以创建气动件类为示例,创建操作流程如图 2-15 所示。右击"外购件库"节点→在弹出菜单中选择"新建产品"→输入名称"气动件类"→单击"保存"按钮,完成创建。

图 2-15 创建外购件库"气动件类"的操作流程

同样,在外购件库中创建液压件类、电器件类,如图 2-16a 所示。

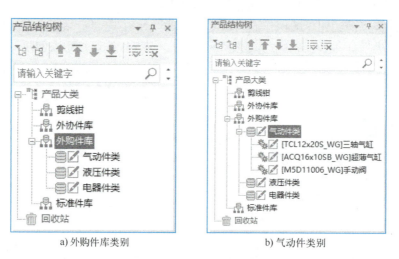

a) 外购件库类别   b) 气动件类别

图 2-16 外购件库、气动件类别的创建结果

剪线钳产品的气动件包括三轴气缸、超薄气缸、手动阀。以三轴气缸为示例,创建操作流程如图 2-17 所示。右击"气动件类"→在弹出菜单中选择"新建总装"→输入名称、代号→选择生产类型为"外购件"→单击"保存"按钮,完成创建。

在外购件的代号编码中,本案例以"外购"的拼音首字母 WG 作为外购件的识别码,外购件代号编码的形式为"外购件型号+下划线+WG",如三轴气缸的代号为 TCL12x20S_WG。

同样,在气动类中创建剪线钳所用到的薄型气缸、手动阀,如图 2-16b 所示。

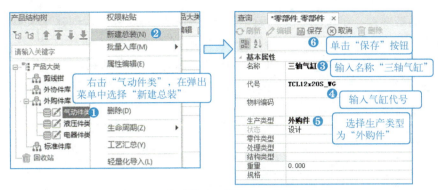

图 2-17 气动件"三轴气缸"的创建流程

2.2.3 创建标准件库

在标准件库中创建不同类别,以便于分类管理,如本案例中创建螺钉、平垫圈、圆柱销、弹簧。以创建螺钉为示例,操作流程如图 2-18 所示。右击"标准件库"→在弹出菜单中选择"新建产品"→输入名称→单击"保存"按钮,完成创建。

图 2-18 创建标准件库螺钉的操作流程

同样,在标准件库中创建平垫圈、圆柱销、弹簧,如图 2-19a 所示。

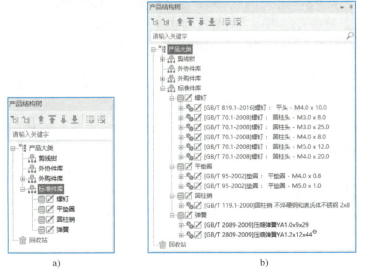

a) b)

图 2-19 标准件库的创建结果

⊖ 图中的 GB/T 2809—2009 为误,正确的是 GB/T 2089—2009。

剪线钳产品的螺钉、平垫圈、圆柱销、弹簧包括不同的规格。以创建平头螺钉为示例，操作流程如图 2-20 所示。右击"螺钉"→在弹出菜单中选择"新建总装"→输入名称、代号→选择生产类型为"标准件"→单击"保存"按钮，完成创建。

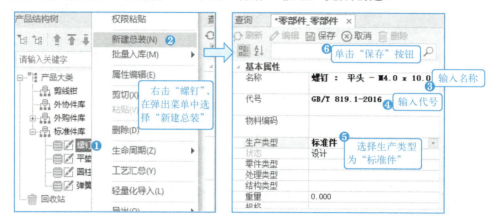

图 2-20　标准件平头螺钉的创建流程

同样，在标准件中创建剪线钳所用到的螺钉、平垫圈、圆柱销、弹簧，如图 2-19b 所示。

2.2.4　创建剪线钳的产品结构树

剪线钳结构树作用是：①包括产品的自制件（自主生产的零件、部件）、标准件、外购件等全部零部件；②体现产品的装配关系；③体现外协件库、外购件库、标准件库零件的借用关系，体现标准化程度。

创建剪线钳的产品结构树

1. 创建自制件结构树

以剪线钳为示例，创建自制件结构树的一般流程如下。

（1）创建产品大类下不同型号的剪线钳产品（如型号为 jxq-2201）

操作流程如图 2-21 所示。右击"剪线钳"节点→在弹出菜单中选择"新建产品"→输入剪线钳型号作为名称→单击"保存"按钮，完成创建。

图 2-21　创建剪线钳 jxq-2201 产品

（2）创建剪线钳型号为 jxq-2201 的总装

操作流程如图 2-22 所示。右击 jxq-2201 节点→在弹出菜单中选择"新建总装"→输入总装名称、代号→选择生产类型为"自制件"→选择零件类型为"部件"→输入数量→单击"保存"按钮,完成创建。

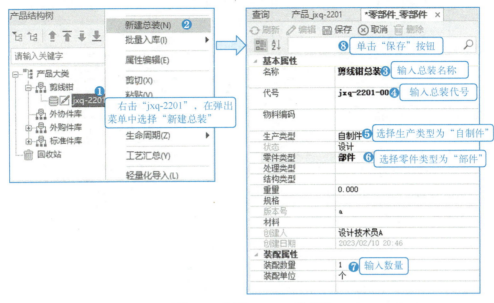

图 2-22 创建 jxq-2201 的总装

(3) 创建总装下的部件层级

在总装层级之下,分别创建产品组成的全部自制件类型部件节点。创建顺序依照具体情况而定,既可按层级由上向下建立,也可按部件依次建立等。

以创建型号 jxq-2201 剪线钳的部件层级"支座部装"为例,操作流程如图 2-23 所示。右击"jxq-2201 总装"→在弹出菜单中选择"增加下级"→输入名称"支座部装"、代号→选择生产类型为"自制件"→选择零件类型为"部件"→单击"保存"按钮,完成创建。

图 2-23 支座部装的层级创建

采用同样的方法,创建"夹线部装"的节点层级,如图 2-24a 所示。

(4) 创建部件下的零件层级

以支座部装下的零件(自制件)为示例,创建零件层级的操作流程如图 2-25 所示。右击"支座部装"节点→在弹出菜单中选择"增加下级"→输入支架名称、代号→选择生产类型为"自制件"→选择零件类型为"零件"→输入重量、材料、数量→选择借用件为"否"→单击"保存"按钮,完成创建。

a) 部件层级   b) 零件（自制件）层级

图 2-24　剪线钳 jxq-2201 自制件的创建结果

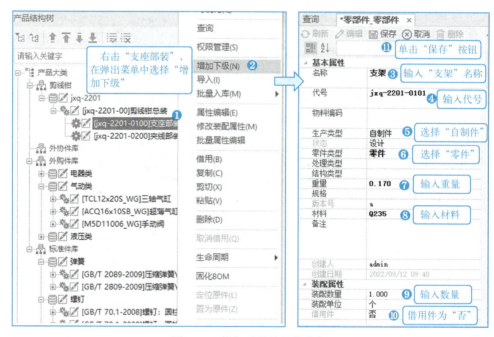

图 2-25　增加零件的操作流程

采用同样方法，完成剪线钳总装、支座部装、夹线部装下的全部零件（自制件）的添加，结果如图 2-24b 所示。

2. 借用标准件、外购件

剪线钳 jxq-2201 使用到的标准件、外购件均从标准件库、外购件库中借用。

以总装层级借用标准件"弹簧"为例的操作流程如图 2-26 所示。在库中右击"弹簧"，在弹出菜单中选择"借用"→右击"剪线钳总装"节点→在弹出菜单中选择"粘贴",完成借用操作。

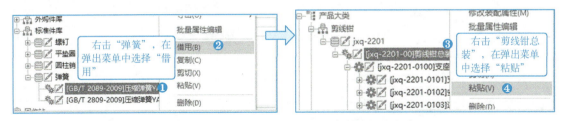

图 2-26　零件借用的操作流程

采用同样方法,在各部件中借用所需的螺钉、平垫圈、气缸、手动阀等标准件、外购件,剪线钳产品结构树的完整操作结果如图 2-27 所示,图中方框内的借用件图标显示为绿色。

图 2-27　借用标准件、外购件的操作结果

借用零件后，将此零件的数量修改为实际所需，如图 2-28 所示。

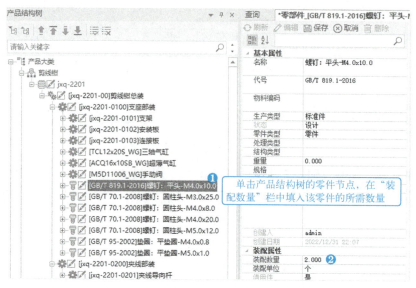

图 2-28　设置产品结构树的零件数量

任务 2.3　通过 Excel 文件建立产品结构树

任务内容：将剪线钳 jxq-2201 的零部件清单整理为 Excel 文件格式，并在相应节点建立产品结构树。操作过程如下：定制 BOM 的 Excel 表格格式（表 2-2）→剪线钳气动件类、螺钉类、平垫圈类、圆柱销类、弹簧类分别填写在对应表格→手工建立剪线钳 jxq-2201 的产品结构树框架，包括剪线钳总装、外协件库、外购件库、标准件库等节点，如图 2-29 所示，预设置 Excel 导入规则→通过 Excel 批量导入的方式分别建立气动件类、螺钉类、平垫圈类、圆柱销类、弹簧类对应的结构树节点→通过 Excel 批量导入的方式建立剪线钳 jxq-2201 的结构树节点。

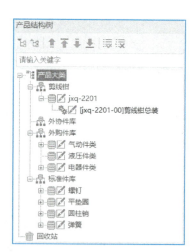

图 2-29　手工创建产品结构树的节点框架

2.3.1　Excel 导入的预设置

通过 Excel 文件导入，首先根据产品 BOM 在 Excel 文件中的格式，预设置 Excel 的导入模板文件以及属性映射，使三者的导入规则一致，并通过"匹配规则"预设对零部件的识别。

（1）确定产品 BOM 的 Excel 文件格式

对于产品的 BOM 清单及其格式，根据自身的实际情况而定。本例中剪线钳 jxq-2201 的 BOM 清单，如表 2-2 的表格格式所示，表头包括序号、代号、名称、数量、材料、单重、生产类型、零件类型、备注。表 2-2 第一列"序号"的标识方式是 PLM 系统中的层级表示格式，如 1、2、3……序号表示第 1 级，而 1.1、1.2、1.3……，2.1、2.2、2.3……表示对应的第 2 级，依此类推。

（2）修改匹配 Excel 的导入模板文件

模板文件所在目录：C:\Users\Public\CAXA\CAXA EAP CLIENT\1.0\Cfg\zh-CN\ GlobalCfg\ PlatformCfg\ComponentCfg\LotInput\RETRIEVETEMPLATE。

使用记事本，打开 Excel 的导入模板文件 LotFromExcel.xml，如图 2-30 所示，其中：<FirstRow Val = "6" />为指定 Excel 表格导入的开始行，此处为第 6 行；<EndRow Val = "20" />为指定 Excel 表格导入的结束行，此处为第 20 行；<ColList>为指定 Excel 的列名及其匹配映射的属性项名。

图 2-30 LotFromExcel.xml 模板文件

以表 2-2 为示例，修改匹配 Excel 导入模板文件，如图 2-31 所示。

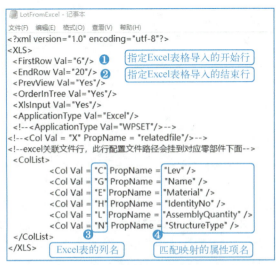

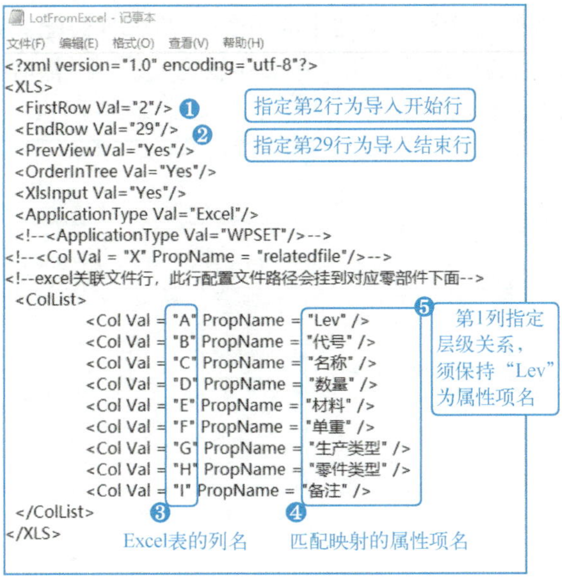

图 2-31 修改匹配后的 LotFromExcel.xml 模板文件

（3）属性映射

将表 2-2 表头的属性项映射到 PLM 系统当中：代号、名称、材料、单重、生产类型、零件类型、备注添加到 Excel 设置的"零部件"栏；数量属性项则添加到"产品总装件关联"与"零部件装配关系"中。

以在"零部件"类别增加"代号"的映射属性项为示例，操作流程如图 2-32 所示。单击菜单栏中的"系统"选项卡→单击"属性映射"按钮，弹出"属性映射"窗口→在"属性映射"窗口左侧选择"Excel"选项。

图 2-32 添加 Excel 文件属性项映射的操作流程

注：弹出的"属性映射"窗口中，"原名"列为图纸、Excel 等文档中的属性名称，可根据自身实际自定义；"映射"列为 CAXA PLM 中规定的属性项名称，是系统内部参数，用户更改无效。

采用同样的方法，重复图 2-32 的第 5~7 步，增加表 2-2 中的名称、材料、单重、生产类型、零件类型、备注等映射属性项（"数量"属性项除外，其设置方法参照下一段落的注解），最后单击"应用"按钮完成添加。

注："数量"属性项的映射设置，在下方的"产品总装件关联"或"零部件装配关系"中。"产品总装件关联"的装配数量指产品总装中的数量，"零部件装配关系"的装配数量指子部件中的数量。本例在"产品总装件关联"和"零部件装配关系"中都增加"数量"属性项，映射"装配数量"属性项，操作流程与图 2-32 一样，结果如图 2-33 所示。

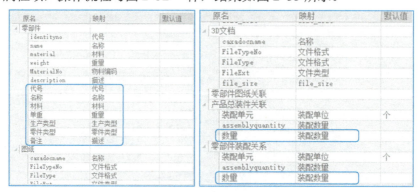

图 2-33 映射属性项的添加结果

（4）匹配规则

"匹配规则"是用来定义标准件、外协件、外购件、自制件的识别规则，以判别在图纸入库和批量入库时,所处理的文档或明细栏中的零部件类型是标准件、企标件、外购件还是自制件。

单击"系统"菜单栏→选择"匹配规则"选项,弹出匹配规则窗口,各选项的说明如图 2-34 所示。

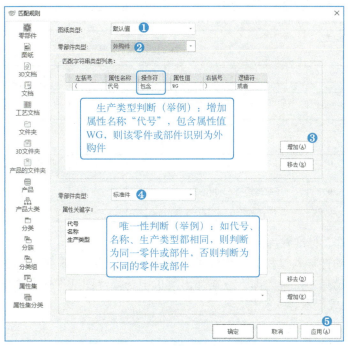

图 2-34 匹配规则设置的说明

2.3.2 通过 Excel 导入外购件、标准件

考虑到建立产品结构时需调用通用的外协件、外购件、标准件,一般从库中借用,因此,考虑首先导入外协件、外购件、标准件,再导入产品结构清单(含自制件、外协件、外购件、标准件)。

通过 Excel 导入外购件、标准件

(1) 整理剪线钳 jxq-2201 的外购件、标准件清单

以剪线钳 jxq-2201 为例,将外购件、标准件清单整理为 Excel 文件,见表 2-6~表 2-10。

表 2-6 外购件的气动件清单

序号(层级)	代号	名称	数量	材料	单重(kg)	生产类型	零件类型	备注
1	TCL12x20S_WG	三轴气缸	1			外购件		
2	ACQ16x10SB_WG	超薄气缸	1			外购件		
3	M5D11006_WG	手动阀	1			外购件		

表 2-7 标准件的螺钉清单

序号(层级)	代号	名称	数量	材料	单重(kg)	生产类型	零件类型	备注
1	GB/T 819.1-2016	螺钉:平头 - M4.0×10.0	1			标准件		
2	GB/T 70.1-2008	螺钉:圆柱头 - M3.0×8.0	1			标准件		
3	GB/T 70.1-2008	螺钉:圆柱头 - M3.0×25.0	1			标准件		
4	GB/T 70.1-2008	螺钉:圆柱头 - M4.0×8.0	1			标准件		
5	GB/T 70.1-2008	螺钉:圆柱头 - M4.0×20.0	1			标准件		
6	GB/T 70.1-2008	螺钉:圆柱头 - M5.0×12.0	1			标准件		

表 2-8 标准件的平垫圈清单

序号(层级)	代号	名称	数量	材料	单重(kg)	生产类型	零件类型	备注
1	GB/T 95—2002	垫圈：平垫圈-M4.0×0.8	1				标准件	
2	GB/T 95—2002	垫圈：平垫圈-M5.0×1.0	1				标准件	

表 2-9 标准件的圆柱销清单

序号(层级)	代号	名称	数量	材料	单重(kg)	生产类型	零件类型	备注
1	GB/T 119.1—2000	圆柱销 不淬硬钢和奥氏体不锈钢 2×8	1				标准件	

表 2-10 标准件的弹簧清单

序号(层级)	代号	名称	数量	材料	单重(kg)	生产类型	零件类型	备注
1	GB/T 2089—2009	压缩弹簧-YA1.0×9×29	1				标准件	
2	GB/T 2089—2009	压缩弹簧-YA1.2×12×44	1				标准件	

（2）导入外购件、标准件库的清单

以外购件的气动件导入过程为操作演示，操作流程如图 2-35 所示。右击"气动件类"节点→在弹出菜单中选择"批量入库"→在弹出菜单中选择"图纸"→在弹出窗口中选择相应的 Excel 清单文件，完成提取导入操作。

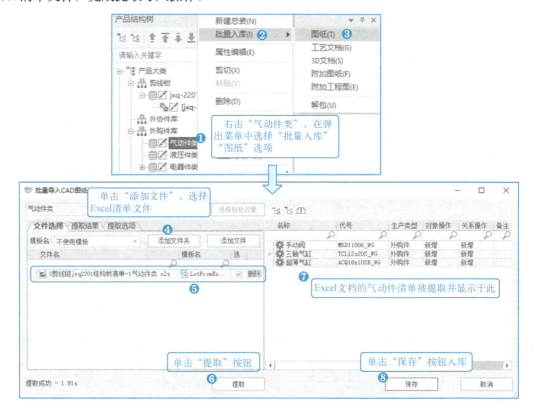

图 2-35 气动件类外购件的导入操作流程

采用同样的方法，导入标准件库中螺钉、平垫圈、圆柱销、弹簧的 Excel 清单。

注：本案例为了进行详细演示，把标准件的螺钉、平垫圈等分别设置为单独的 Excel 表，也可以把标准件汇总为一个 Excel 表格，在序号中列明层级关系，操作时一次导入。

导入的操作结果如图 2-36 所示。

图 2-36　外购件、标准件导入结果

2.3.3　通过 Excel 导入剪线钳结构

剪线钳的导入操作流程如图 2-37 所示。右击"剪线钳总装"节点→在弹出菜单中选择"批量入库"→选择"CAD 图纸"→在弹出对话框中选择相应的 Excel 清单文件，完成提取剪线钳总装结构操作。

通过 Excel 导入剪线钳结构

剪线钳清单中使用到的气缸、螺钉、平垫圈等零件，如与外购件库、标准件库的零件相同，系统将自动识别为"借用件"，并使用绿色图标进行标识。

通过 Excel 批量入库建立剪线钳 jxq-2201 的产品结构树，自动建立的零部件节点的排序往往与预期不符，此时可通过产品结构树栏目的排序按钮进行排序，各按钮功能说明如下。

PLM 技术及应用

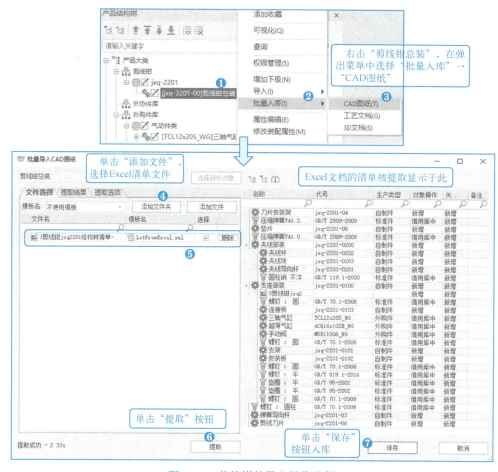

图 2-37 剪线钳的导入操作流程

- <img>：展开产品结构树。
- <img>：收起产品结构树。
- <img>：上移一行。
- <img>：上移到顶部。
- <img>：下移一行。
- <img>：下移到底部。
- <img>：保存排序结果。
- <img>：删除排序结果。

通过排序调整后，剪线钳 jxq-2201 产品结构树的显示效果与手工建立的显示效果一致，如图 2-26 所示。

任务 2.4 通过 3D 装配文件建立产品结构树

任务内容：CAXA PLM 协同管理系统中，在产品结构树尚未建立的情况下，"3D 图纸"的批量入库方式不仅建立产品结构树，同时也将相应的 3D 文件（装配 3D、零件 3D）入库到产品结构树的相应节点。

通过 3D 装配文件建立产品结构树的主要操作流程如下。

1）设置 3D 文件的自定义属性项：使用 CAXA 3D 实体设计软件，设置 3D 文件的自定义属性项，如生产类型、零件类型、处理类型、结构类型等，软件默认的属性项和自定义属性项不仅可以传递到 CAXA 2D 电子图板中，也可以传递到 CAXA PLM 协同管理系统中。

2）属性映射与 3D 批量入库：使用 CAXA PLM 协同管理软件，首先通过"属性映射"匹对 3D 文件的属性项，再通过 3D 装配文件批量入库建立产品结构树。

2.4.1 设置 3D 文件的自定义属性项

1）在 CAXA 3D 实体设计软件中，添加自定义属性项（对应表 2-2 的表头列名称）。以添加"生产类型"属性项为示例，操作流程如图 2-38 所示。单击"菜单"→"选项"，弹出对话框，按照图 2-38 的流程添加自定义属性项"生产类型"。采用同样操作，添加自定义属性项"零件类型"。

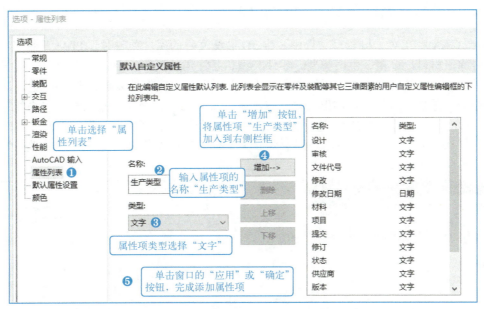

图 2-38 添加自定义属性项

2）在 CAXA 3D 实体设计软件中，按照表 2-2 中的属性信息设置 3D 装配（剪线钳）的各自定义属性项的值。以安装板零件为例，操作流程如图 2-39 所示。右击左侧装配栏中的零件→在弹出菜单中选择"零件属性"→在弹出对话框中选择"定制"选项，依次设置该零件的生产类型、零件类型自定义属性项。

自定义属性项既可以在 3D 装配的环境下为每一个零件单独设置，也可以在单独打开的零件文件中设置。

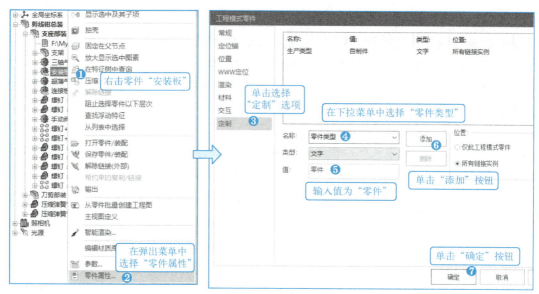

图 2-39　设置自定义属性项

2.4.2　属性映射与 3D 文件批量入库

1）在 CAXA PLM 协同管理软件中,将 3D 装配文件的属性项映射到 PLM 系统当中:①将代号、名称、材料、单重、生产类型、零件类型、备注添加到"CAXA 实体设计"设置的"零部件"栏;②将数量属性项添加到"产品总装件关联"与"零部件装配关系"中。

以添加"零件类型"属性映射为例,操作流程如图 2-40 所示。单击菜单"系统"→选择"属性映射"→在弹出对话框中,选择"CAXA 实体设计",在"零部件"栏中匹对 3D 文件的"零件类型"属性项。其中,"原名"列中为 3D 文件的属性项名称,"映射"列中为 PLM 协同系统中的属性项名称。

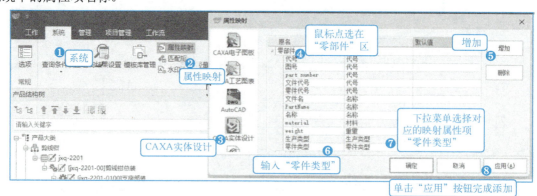

图 2-40　添加"零件类型"属性映射的操作流程

以同样操作,在"零部件"栏中添加表 2-2 的表头属性项的属性映射,即代号、名称、材料、单重、生产类型、零件类型、备注等属性项的映射。而"数量"的属性项,在"产品总装件关联""零部件装配关系"中都增加"数量"的属性映射"装配数量",如图 2-41 所示,操作流程与图 2-40 相同。

2）在 CAXA PLM 协同管理软件中,通过 3D 装配文件批量导入 3D 文件,并建立相应的产品结构树。

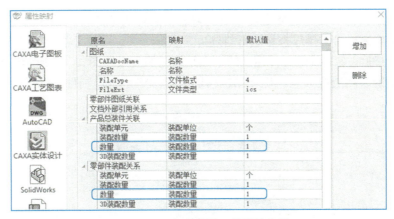

图 2-41　添加"数量"的属性映射

操作流程如图 2-42 所示。右击剪线钳总装节点→在弹出菜单中选择"批量入库"→选择"3D 文档"→在导入对话框,添加文件时选择剪线钳的 3D 总装文件→提取文件后,文件清单显示在右侧栏,其中与外购件库、标准件库中已有零件判定为相同零件的显示为绿色,即自动成为借用件→单击保存按钮,则建立剪线钳的产品结构树,并同时将各个零件或部件的 3D 文件入库到相应节点。

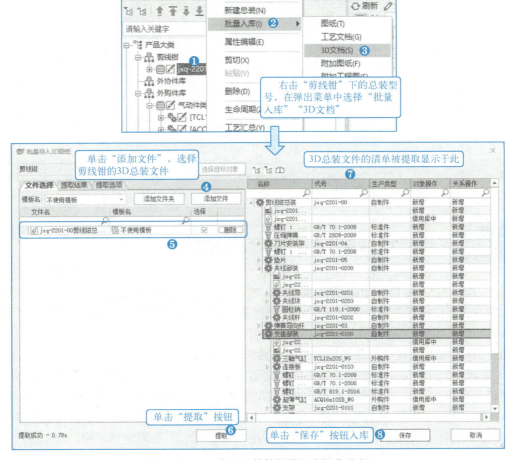

图 2-42　3D 装配文件的批量入库操作流程

剪线钳产品结构树在自动建立之后，自制件、借用件的节点排序往往与预期有所不符，此时可通过产品结构树栏目的排序按钮进行排序。

通过排序调整后，3D 装配文件建立的产品结构树的效果如图 2-43 所示，既反映了剪线钳产品总装与部装的装配层级关系，也在结构树的节点顺序中将自制件、标准件、外购件归类在一起，便于查阅。

图 2-43　批量入库的产品结构树建立效果

任务 2.5　通过 2D 装配图纸建立产品结构树

任务内容：CAXA PLM 协同管理系统中，在产品结构树尚未建立的情况下，"2D 图纸"的批量入库方式不仅根据图纸中的明细栏和标题栏信息建立产品结构树，同时也将相应的 2D 文件及关联文件入库到产品结构树的相应节点。

通过 2D 装配文件建立产品结构树的主要操作流程如下。

1）设置 2D 装配文件的自定义属性项：使用 CAXA 3D 实体设计软件，通过 2D 装配文件的标题栏与明细栏（软件中称明细表）进行属性项自定义，如生产类型、零件类型、处理类型、结构类型等，软件默认的属性项和自定义属性项可以传递到 CAXA PLM 协同管理系统中。

2）属性映射与 2D 装配图纸批量入库：使用 CAXA PLM 协同管理软件，首先通过"属性映射"匹对 2D 文件的属性项，再通过 2D 的 CAD 图纸批量入库建立产品结构树。

2.5.1 2D 装配图纸的预设置

1）在 CAXA 3D 实体设计软件中，匹对 2D 装配图纸与 3D 零件的属性项名称。

2D 装配图纸的预设置

以匹配属性项"生产类型"为例，操作流程如图 2-44 所示。选择菜单"工具"→单击"选项"→在弹出的"选项"对话框中单击"系统"→单击"配置匹配规则"按钮→在弹出的对话框中依次输入 2D 图纸与 3D 零件对应的属性项，完成匹配。

采用同样操作，添加匹配的属性项"零件类型"。

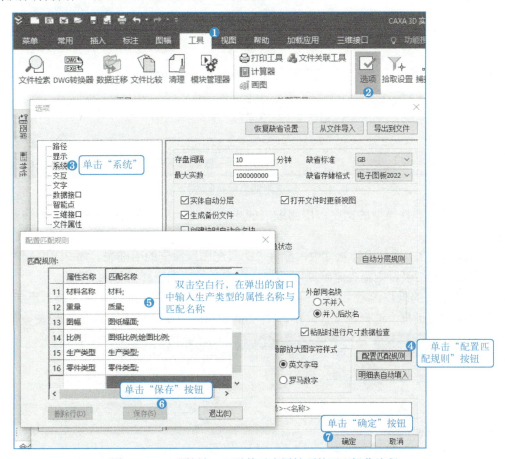

图 2-44　2D 图纸与 3D 零件对应属性项的匹配操作流程

匹配规则中，"属性名称"列是电子图板 2D 图纸中标题栏和明细表的属性项，"匹配名称"列是对应的实体设计中 3D 零件的属性项。

2）在 CAXA 3D 实体设计软件中，打开 2D 装配图纸，创建新的明细表样式，在明细表中加入需匹配的属性项名称。

以增加属性项"生产类型"为例，操作流程如图 2-45 所示。选择菜单"图幅"→选择"样式"→在弹出的对话框中单击"新建"按钮→在新的明细表中添加新的项目（如"生产类型"）→把新的明细表设为当前。

以同样操作，为明细表增加"零件类型"的属性项，宽度同样设置为 20。

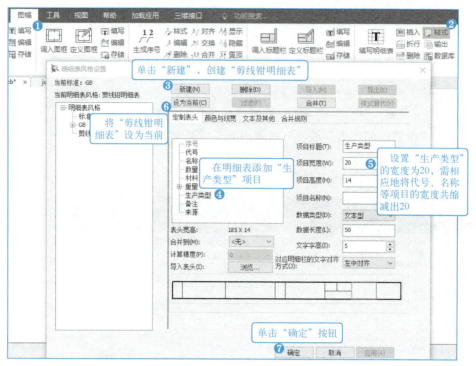

图 2-45 新建明细表样式的操作流程

因生产类型、零件类型的宽度占用明细表的相应宽度，因此需要相应地缩小明细表其他属性项的宽度。

3）在 CAXA 3D 实体设计软件中，删除 2D 装配图纸原来的明细表。如 2D 装配图纸已使用了国标默认的明细表，则需先删除原明细表，再将新的明细表样式导入更新。

删除原明细表的操作流程如图 2-46 所示。选择菜单"三维接口"→选择"更新 3D 明细"→在弹出的对话框中选择源文件，单击"删除 BOM"按钮，则装配图纸明细表被删除。

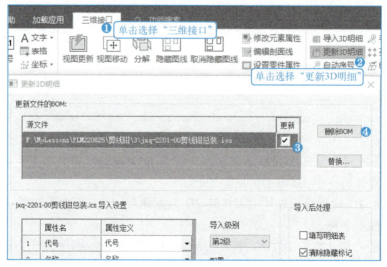

图 2-46 删除原明细表的操作流程

4）在 CAXA 3D 实体设计软件中，导入新的 2D 装配图纸明细表。

导入新明细表的操作流程如图 2-47 所示。选择菜单"三维接口"→选择"导入 3D 明细"→选择剪线钳总装文件作为导入的源文件→选择导入级别为第 2 级，使明细表显示子部件→单击"确定"按钮，2D 装配图纸则导入新的明细表。新明细表按照操作示例，增加了明细表项目列"生产类型"，新旧明细表对照如图 2-48 所示。

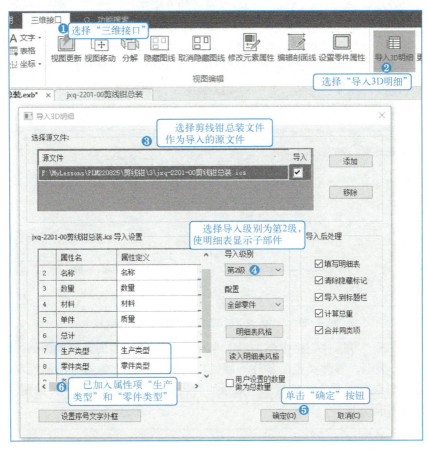

图 2-47　导入新明细表的操作流程

4	GB/T 2089-2009	压缩弹簧YA1.2x12x44	1		0.00	0.00		
3	GB/T 2089-2009	压缩弹簧YA1.0x9x29	1		0.00	0.00		
2	jxq-2201-0200	刀剪部装	1		0.17	0.17		
1	jxq-2201-0100	支座部装	1		1.52	1.52		
序号	代号	名称	数量	材料	单件	总计	备注	
					重量			

a) 原明细表样式

4	GB/T 2089-2009	压缩弹簧YA1.2x12x44	1		0.00	0.00	标准件		
3	GB/T 2089-2009	压缩弹簧YA1.0x9x29	1		0.00	0.00	标准件		
2	jxq-2201-0200	刀剪部装	1		0.17	0.17	自制件	部件	
1	jxq-2201-0100	支座部装	1		1.52	1.52	自制件	部件	
序号	代号	名称	数量	材料	单件	总计	生产类型	零件类型	备注
					重量				

b) 更新后的明细表样式

图 2-48　明细表更新前后样式对比

2.5.2 属性映射与 2D 图纸批量入库

1) 在 CAXA PLM 协同管理软件中,首先将 2D 装配文件明细表中的属性项映射到 PLM 系统当中:①代号、名称、材料、单件、生产类型、零件类型、备注添加到"CAXA 电子图板"设置的"零部件"栏;②数量属性项则添加到"产品总装件关联"与"零部件装配关系"中。

以添加"生产类型"属性映射为例,操作流程如图 2-49 所示。选择菜单"系统"→选择"属性映射"→在弹出的对话框中选择"CAXA 电子图板",在"零部件"栏中匹对 3D 文件的"生产类型"属性项。其中,"原名"列中为 2D 装配文件的标题栏和明细表的属性项名称,"映射"列中为 PLM 协同系统中的属性项名称。

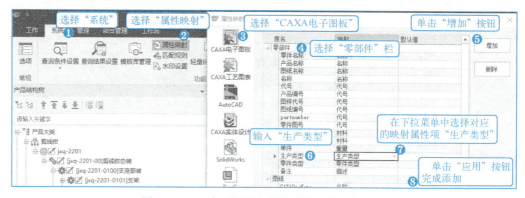

图 2-49 2D 电子图板文件的属性映射操作流程

以同样操作,在"零部件"栏中添加 2D 装配文件明细表中的属性映射,即代号、名称、材料、单件、生产类型、零件类型、备注等属性项的映射。而"数量"的属性项,在"产品总装件关联""零部件装配关系"中都增加"数量"的属性映射"装配数量",如图 2-50 所示,操作流程与图 2-49 相同。

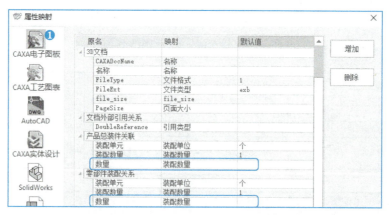

图 2-50 添加"数量"的属性映射

2) 在 CAXA PLM 协同管理软件中,通过 2D 装配文件批量导入 2D 文件,并建立相应的产品结构树。

操作流程如图 2-51 所示。右击剪线钳总装节点→在弹出菜单中选择"批量入库"→选择"图纸"→在导入对话框中,添加文件时选择剪线钳的 2D 总装,以及各 2D 子装配的 CAD 文件→提取文件后，文件清单显示在右侧栏，其中与外购件库、标准件库中已有零件判定为相同的显示为绿色，即自动成为借用件→单击"保存"按钮，则建立剪线钳的产品结构树，并同时将各个零件或部件的 2D 文件入库到相应节点。

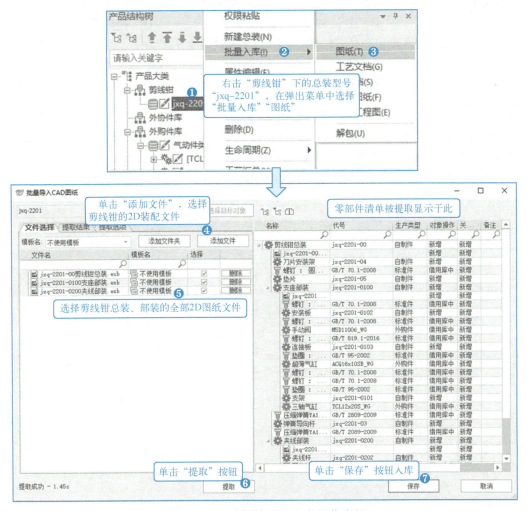

图 2-51　2D 图纸批量导入的操作流程

需要特别说明的是，2D CAD 图纸导入建立产品结构树时，需要选择总装与部装的 2D 图纸文件（可以不选择零件图纸文件），从而提取到完整的产品结构。

通过 2D 装配文件建立产品结构树，适当调整排序后，产品结构树的建立效果与 3D 文件导入的效果一致，如图 2-36 所示。

【习题】

一、判断题

1. 如企业中某员工属于多个角色，则该员工同时具有多个角色的权限。（　　）

2. CAXA PLM 系统的"属性映射"中，原名列中填入 PLM 系统的默认属性名称。（ ）

二、选择题

1.【多选】PLM 系统中的"匹配规则"设置是用来定义（   ）的识别规则。
   A．自制件　　　　B．外协件　　　　C．外购件　　　　D．标准件
2. 通过 Excel 文件建立产品结构树，Excel 表格中第 1 列"序号"表示零件在产品结构树中的（   ）。
   A．层级　　　　　B．顺序　　　　　C．目录　　　　　D．序号

三、简答题

1. PLM"属性映射"中，"产品总装件关联的装配数量"与"零部件装配关系的装配数量"分别指代零部件的什么数量？
2. 简述通过 2D 装配图纸建立产品结构树的操作流程。

项目 3 产品设计数据入库与审批发布

 教学目标

知识目标：
1. 了解数据标准化、图纸标准化的基本含义及其意义；
2. 理解产品设计数据入库的含义、批量入库方法、单独入库方法；
3. 理解文件关联的作用，理解外部引用建立文件关联的操作方法；
4. 认识工作流的应用，了解工作流的定义过程以及参与者的设置选项；
5. 理解流程审批中多路选择、通过、驳回的应用场景；
6. 理解图纸签名的含义、图纸签名与审批流程的关系；
7. 理解图纸发布的含义、图纸发布与版本号的关系；
8. 理解图纸出库的含义、图纸出库与版次号的关系；
9. 理解 2D 图纸的红线批注功能；
10. 了解 3D 模型的红线批注功能；
11. 了解图纸变更的应用场景、变更管理的意义。

能力目标：
1. 能够批量入库产品设计数据，认识文件之间的自动关联；
2. 能够单独入库产品设计数据，能够手动操作关联文件；
3. 能够以案例的设计审批流程模板启动工作流程；
4. 能够在案例的设计审批流程的各个节点进行审批；
5. 能够设置图纸签名，实现审批流程过程中的自动图纸签名；
6. 能够在审批流程中，对流程文件进行红线批注；
7. 能够出库、修改、入库图纸。

素养目标：
1. 具有良好的网络安全、数据安全意识，严格遵守所在单位的网络规则；
2. 具有良好的工作流程规范意识；
3. 具有良好的 PLM 在线文档查阅、批注习惯；
4. 具有良好的网络协作精神。
5. 具有良好的在线文档版本意识，以及在线文档管理意识。

项目分析

基于面向产品设计的业务过程，在 PLM 系统入库产品设计数据，继而创建、实施设计审批工作流程：依照实际的设计业务流程，创建设计审批流程模板→基于设计审批流程模板，发起设计文件的审批流程→对设计文件进行审阅、批注、电子签名，通过或驳回→对存在问题被驳回的设计文件进行出库、修改、再入库→通过各个关联部门审批的设计文件自动抄送、发布。

发布状态的设计文件如需修改或变更，则由相应的现场实施人员启动相应的变更审批流程，通过变更审批之后才能变更产品设计数据。

任务 3.1　设计数据标准化

3.1.1　数据标准化的意义

企业数据是一个企业的核心资产。数据的流转，从企业的订单开始，伴随着企业的研发设计、工艺编制、材料（原材料和外协、外购件）采购、零件加工、产品装配、质量检验、订单发货、产品运维等业务的进行而流转。

一个企业的不同部门，会用到种类繁多且不同类型的数据，例如，研发设计部门，会用到 3D 模型、二维图纸、设计 BOM 等设计数据，工艺部门会用到原材料、工时定额、材料定额、工艺 BOM、工艺路线等工艺数据。因此企业的数据非常复杂，且数据量庞大，此时数据的管理就变得尤为重要。数据的产生、数据的引用、数据的保存、数据的分析等，数据从一个部门到另一个部门，或从一个系统流转到另一个系统，这就产生了数据信息的互通和数据流转的必要；而数据的流转就产生了对接的耗人、耗时、耗力的成本。

数据标准化是为企业中使用的同类数据文件定义统一的编制标准、数据定义规范、样式格式等要求，是数据共享和设计制造等不同环节数据管理系统集成的重要前提，数据标准化可以提高工作效率和方便数据应用，实现数据共享，减少数据采集费用，节约成本。

3.1.2　图纸标准化

图纸标准化的基础工作是指将属性定义、图框样式、标题栏样式、明细表样式、标注样式、技术要求样式等进行统一的规范化设置。图纸标准化有利于：①数据信息的逐级传递，从三维模型把属性传递到二维图纸，省去二维图纸二次编辑图纸的属性信息，确保数据精准度、属性数据来源的唯一性、准确性；②方便数据管理和信息归类；③便于图纸信息从设计数据管理系统流转到后面其他数据系统，便于在此过程中数据的集成、识别和提取，让产品数据贯通各个应用系统。

任务 3.2　产品设计数据入库

任务内容：产品设计数据入库可以根据企业现有的实际数据，混合使用不同的方法进行入库。本任务基于当前阶段企业以 2D 图纸最为齐全的实际情况，演示现阶段常用的产品设计数据入库流程：批量入库 2D 图纸→单独入库 3D 文件→通过"外部引用"建立 2D 文件、3D 文件的关联。

3.2.1　批量入库与单独入库

产品设计数据（电子文档）编辑完成后，可以通过入库命令把电子文档入库。入库是指将产品的电子文档保存到 PLM 协同管理系统服务器的电子仓库中。

协同管理支持电子仓库管理服务器分布部署，企业不同部门、不同阶段产生的文档可以存放在不同的电子仓库内，这样可以支持更大量产品数据的存储，同时也极大提高了对电子仓库中的文档进行并发存取的性能。

入库有两种方式：批量入库、单独入库。

（1）批量入库

批量入库支持将各类不同文件（2D 图纸、3D 文件、工艺文档等）同批次批量导入，即可以按照各类文件类型设置各自提取的模板、提取参数，从而实现各类文件一次性混合批量导入。

批量入库不仅能建立完整的产品结构关系（产品结构树），还可以将所有零部件对应的文档关联起来，形成以产品零部件为中心的完整的数据组织。对已有的成熟产品进行批量入库操作可以节省已有图纸导入系统的时间，建议用户使用批量入库模块完成历史数据的入库。

（2）单独入库

单独入库是指为产品结构树的某一个节点导入电子图档，如 2D 图纸、3D 文件、工艺文档等。

3.2.2　批量入库设计数据

在 CAXA PLM 协同管理软件中，批量导入剪线钳"jxq-2201"的 2D CAD 文件，并建立相应的产品结构树。

批量入库设计数据

操作流程如图 3-1 所示。右击剪线钳总装节点→在弹出菜单中选择"批量入库"→选择"图纸"→在导入的对话框中添加文件时选择剪线钳的全部 CAD 文件→提取文件后，文件清单显示在右侧栏，其中与外购件库、标准件库已有零件相同的显示为绿色，即自动成为借用件→单击"保存"按钮，建立剪线钳的产品结构树，并同时将各个零件或部件的 2D 文件入库到相应节点。2D CAD 图纸批量导入结果如图 3-2 所示。

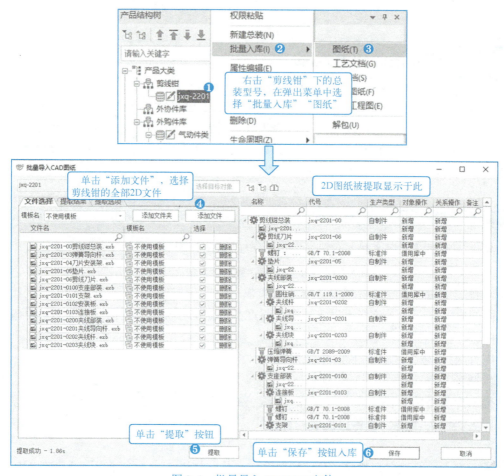

图 3-1　批量导入 2D CAD 文件

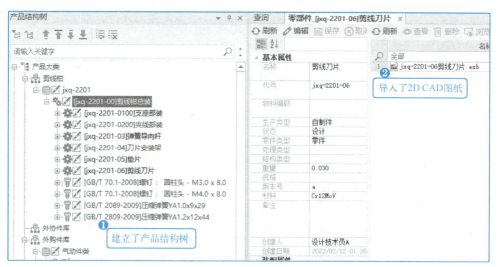

图 3-2　2D CAD 图纸批量导入结果

3.2.3　单独入库设计数据

在已经批量入库 2D 文件的基础上,以单独导入支架零件的

单独入库设计数据

3D 文件为例，操作流程如图 3-3 所示。在产品结构树单击选择"支架"零件节点→右击右侧显示区，在弹出菜单中选择"导入"→选择"3D 文档"→单击"添加文件"，添加支架零件的 3D 文档，导入文件后，支架零件的 3D 文档就添加到对应节点之中，结果如图 3-4 所示。

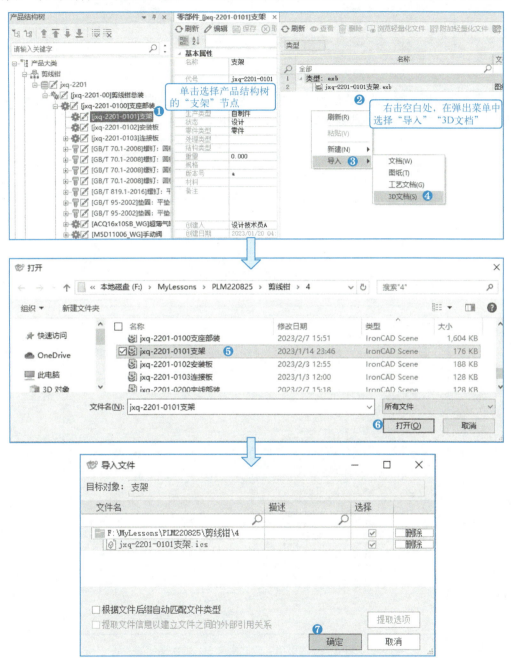

图 3-3 单独导入支架 3D 文件的操作流程

单独导入支架 3D 文件后，可以使用"外部引用"指令建立支架 2D CAD 图纸与 3D 模型文件的关联关系。关联关系建立以后，如出库修改 3D 模型文件，则模型出库时系统将提示关联的 2D 图纸可以同时出库。当 3D 模型和 2D CAD 图纸存在链接关系时，修改出库的 3D 模型后，对应的图纸也将自动识别模型的变化，随之修改更新。

图 3-4　单独导入支架 3D 文件的操作结果

使用"外部引用"指令的操作流程，如图 3-5 所示。右击支架的 3D 文件→在弹出菜单中选择"外部引用"→在弹出对话框中选择支架的 2D 文件→单击"加入"按钮，则完成引用。

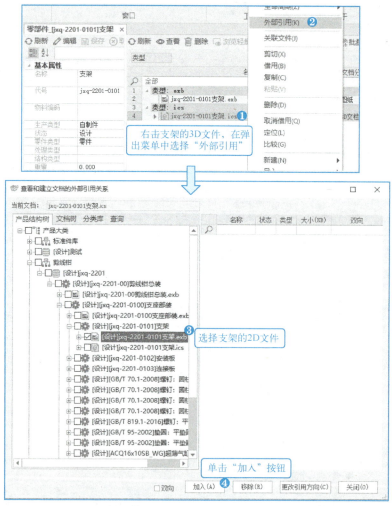

图 3-5　使用"外部引用"建立支架 2D、3D 文件的关联

任务 3.3　启动图纸审批流程

任务内容：认识设计审批流程的定义过程，以设计技术员 A 的身份发起两个零件（案例零件为支架、安装板）的图纸审批申请。

3.3.1 认识/定义审批流程

审批流程的定义、管理、调用和监控基于工作流管理系统。工作流管理系统为企业的业务流程提供一个软件支撑环境，以便在具体工作中各部门人员能按照预先定义好的工作流逻辑在线上推进工作。工作流管理系统可以：①促进业务流程的标准化、业务行为的规范化，提高业务工作质效；②灵活、快速响应业务流程的创建和改进；③全面实施流程监控，提升执行效率，提高服务质量。

定义设计审批流程

工作流管理系统通常由流程定义、流程监控、流程任务收发、工作流引擎四部分组成，如图3-6所示。

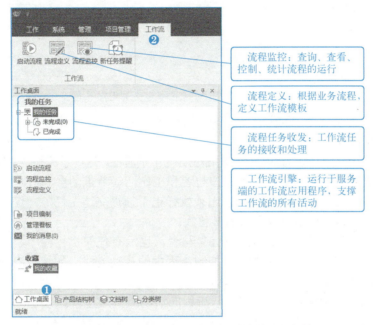

图3-6 CAXA PLM 工作流管理系统的组成架构

单击菜单中的"工作流"→"流程定义"，进入到工作流定义模块，如图3-7所示。

工作流定义模块用于产生流程定义文件，即流程模板。流程定义文件主要由流程节点和转移线组成：①在流程节点中，主要定义了该节点的任务参与者、任务完成时间、任务的流入与流出控制规则、跳跃规则等。②在转移线中，主要定义了任务的流出方向、任务过滤规则等。

一个流程定义文件通常对应企业的一个业务流程。一个业务流程可能会由若干个子流程组成，因此一个流程定义文件可能会由一个主流程定义和若干个子流程定义组成，子流程定义可以和主流程定义在同一个定义文件中，也可以在不同文件中，即流程定义文件可以外部引用另一个流程定义文件。

CAXA PLM 工作流定义模块的操作采用拖拽的绘图方式，操作直观简便，右侧工具条的绘制指令如下。

绘制转移线：转移线表示节点之间的流转。

绘制工作活动：工作活动节点是有参与者参与的节点，该节点相应的活动由参与者完成。

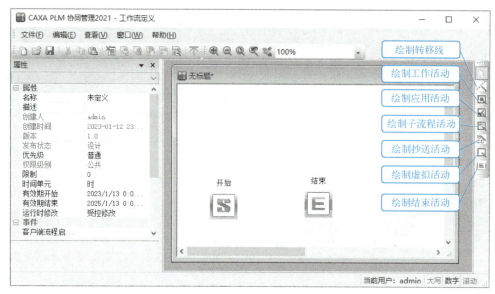

图 3-7　CAXA PLM 工作流定义的工作界面

　　绘制应用活动：应用活动节点的任务执行者是一个应用程序。它没有参与者，或者说参与者是一个应用程序。

　　绘制子流程活动：子流程活动节点内部包含一个子流程，这个子流程是主流程的一个分支。

　　绘制抄送活动：抄送活动节点的参与者和工作活动节点的参与者是相同的，不同的是抄送活动节点的参与者在接收到任务后，无须执行也无须提交这个任务，仅了解当前活动的任务信息即可。因此抄送活动节点没有流出转移线。

　　绘制虚拟活动：虚拟活动节点没有参与者，也没有任何执行程序，因此虚拟活动节点不承担任何任务。虚拟活动节点主要用于控制流程中的活动方式，如承担汇聚节点的功能、对流入活动的任务执行同步流入。

　　绘制结束活动：结束活动节点表示流程的活动流到这里就结束了，不再往下流动，但并不表示整个流程结束。结束活动节点只有流入转移线，没有流出转移线。

　　定义设计审批流程的操作包括：绘制设计审批流程、添加参与者、添加流程应用程序、发布工作流模板。

　　（1）绘制设计审批流程

　　设计审批流程根据企业自身实际的设计业务流程而定，不同的企业往往采取不一样的设计审批流程。一般大型企业和标准化工作做得较好的企业，设计审批流程节点设置得比较齐全，如设计→校对→工艺→标准化→审核→批准。而中小企业，为了追求效率，往往会把中间环节进行适当精简，甚至简化到只有"设计→审核"两个节点。

　　本案例适用一般的应用场合，构建设计审批流程为设计→审核→工艺→标准化→批准。设计审批流程模板构建如图 3-8 所示，图中文控中心的主要职责是管理、打印技术图纸。

　　（2）添加参与者

　　流程节点的参与者可以是一个人、多个人、某个角色的一类人、某个部门的人员或者符合某类规则的多个人。添加节点参与者的步骤如下。

　　第 1 步，添加所有参与设计审批流程的参与者，操作流程如图 3-9 所示。右击流程图绘制区的空白区域，在弹出菜单中选择"参与者管理"，在弹出对话框选择所有的流程参与者，添加到右侧的参与人员列表。

项目3 产品设计数据入库与审批发布

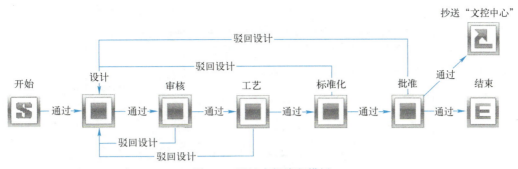

图 3-8 设计审批流程模板

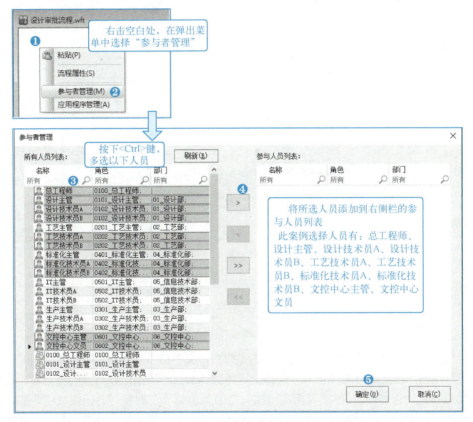

图 3-9 添加设计审批流程所有参与者

第 2 步，为第一个节点指定流程参与者。第一个节点的流程参与者一般指定为"流程启动者"，即发起流程的人员。设计审批流程的流程启动者一般是设计部的设计人员，在本案例中是设计技术员 A、设计技术员 B，双击设计节点，弹出属性对话框，操作流程如图 3-10 所示。

其中，"参与者"属性界面的选项介绍如下。

1）在"参与者列表"中，列出了该节点的所有参与者。

2）在"人员分配策略"中，"给所有参与者"指的是将任务分配给所有参与者；"给其中任意一个参与者"指的是将任务分配给其中任意一个参与者；"给其中？%的参与者"指的是将任务分配给其中某些人，如果参与者有 10 人，填写 30%的参与人则工作流引擎将任务分配给其中三个人，不足一人的按一人计算，四舍五入。系统使用随机算法选择其中某些参与者；"给其中？个参与者"指的是将任务分配给其中某几个人。

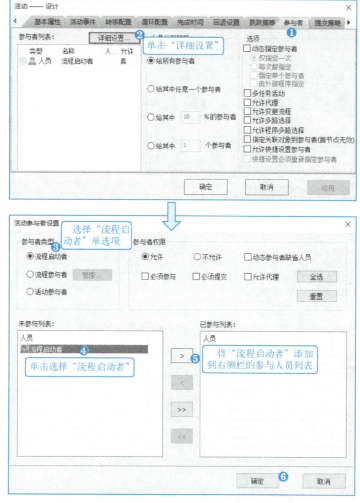

图 3-10 为第一个流程节点添加"流程启动者"

3）在"选项"中，"动态指定参与者"指的是模板定义中该节点不设定参与者，而是在该模板对应的流程运行期间，由前驱节点的参与者在提交任务到该节点时再指定该节点的参与者。选中该选项表示允许动态指定，否则不允许。"仅指定一次"指的是前驱节点的参与者在提交任务到该节点时如果之前没有指定过参与者，则指定一次，如果已经指定过，不管指定的人是谁，都不可重新指定。

"多任务活动"指的是如果这个节点有多名参与者，每名参与者都有一个活动，还是所有参与者都使用同一个活动。如果这个节点只有一名参与者，则该选项无效。

"允许代理"指的是该节点的某个参与者如果有代理，并且代理已经生效，则这名参与者的任务也将发给代理，这名参与者和代理都可以接收和执行该任务。如果一个人已经接收执行该任务，则另一个人将不能接收执行。

"允许变更流程"指的是在一个参与者接收到任务后，他是否可以在此时修改该任务所属流程的流程模板。流程模板修改后，工作流引擎将按照修改后的模板继续执行。

"允许多路选择"指的是流程内包含两个及以上需要审批的对象时，若流程节点选中了该设置，则该节点可以选择对其中一个对象或多个对象进行审批通过，也可以选择一个或多个对象进行驳回设计节点。

"允许程序多路选择"指的是定制程序或第三方 App 的集成审批应用，功能同"允许多路选择"。

项目 3　产品设计数据入库与审批发布

"指定关联对象到参与者（首节点无效）"指的是启动的流程里有两个及以上对象，可以为对象指定不同的审批参与者。

"允许快捷设置参与者"指的是启动流程的时候，启动流程人员可以直接指定流程后面审批节点的参与者。

"快捷设置必须重新指定参与者"在选中"允许快捷设置参与者"后可选，但不强制重新指定。

第 3 步，为后续的每一个节点指定参与者。审核节点的参与者为设计主管，工艺节点的参与者为工艺技术员 A、工艺技术员 B，标准化节点的参与者为标准化技术员 A、标准化技术员 B，批准节点的参与者为总工程师。并为每一个节点的审批负责人设置代理功能，即节点的审批主管因出差、假期等原因不能审批时，可以委托其他人员替代审批。

为审核节点添加设计主管作为参与者，设置"允许代理""允许多路选择"功能，操作流程如图 3-11 所示。选择"参与者"页面→选择"允许代理""允许多路选择"→单击"详细设置"→在流程参与者中，添加设计主管。

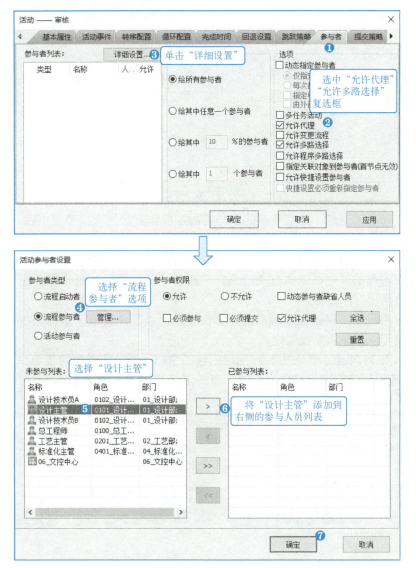

图 3-11　审核节点参与者的添加流程

节点的参与人（如设计主管）用自己的账号登录后，可以设置指定的代理人，操作流程如图 3-12 所示。选择"工作"菜单，单击"代理"。弹出"用户代理"对话框，在用户代理页面选择指定的代理人，在代理设置页面选择设计审批流程，完成代理设置，如图 3-13 所示。

图 3-12　进入代理设置

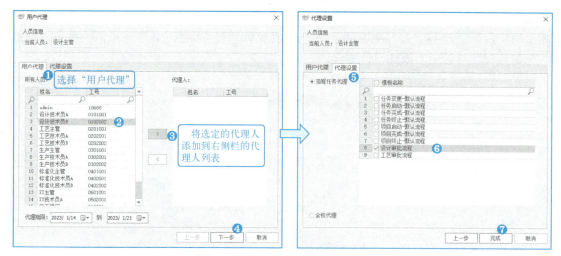

图 3-13　设置代理人的操作流程

工艺节点、标准化节点、批准节点的参与者添加操作方法与审核节点一致。

（3）添加流程应用程序

应用程序是指流程运行过程中，在满足某种条件的情况下，由工作流引擎自动加载执行的外部程序。如在流程的某个活动执行完成后，启动打印应用程序，则工作流引擎在这个活动执行完成后将自动执行打印任务。

用户新建应用程序不仅过程烦琐而且容易出错，所以系统提供了事件模板。用户新建一个应用程序的时候可以选择从模板创建。

操作流程如图 3-14 所示。右击流程图绘制区的空白区域，在弹出的菜单中，选择"应用程序管理"，弹出应用程序管理对话框，选择"事件定义"，右击"所有应用程序"，在弹出菜单中选择"从事件模板创建"。

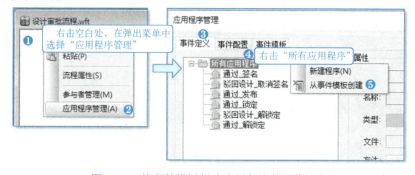

图 3-14　从事件模板创建应用程序的操作流程

说明：模板应用程序管理对话框包含"事件定义""事件配置""事件模板"三个页面。

1)"事件定义"是用户定义一个事件的界面，在该界面可以完成当前模板中所有事件的管理：新增、删除、编辑、从模板创建。

2)"事件配置"是完成事件挂载的界面，在该界面中用户可以将不同的事件挂载到各个活动节点或者流程节点上，在流程运行过程中，这些事件会自动执行；相同类型的事件被挂载到同一个节点上时，其挂载的次序就是执行的次序；还可以通过右键菜单"上移""下移"来调整这些事件的次序。

3)"事件模板"是系统自带的一些事件，用户在创建事件的时候可以选择"从模板创建"，用户选择一个系统自带的事件之后，被选择的事件就会和用户自定义的事件一样可以用来挂载；提供系统自带事件的初衷是为了防止用户新建事件的时候配错参数，从而导致流程定义失效；系统自带的事件包括了 9 个程序模板："服务端提交_签名""服务端提交_取消签名""服务端提交_发布""服务端提交_重发布""服务端提交_锁定""服务端提交_解锁定""服务端提交_流程启动后锁定""服务端提交_流程结束解锁定""服务端提交_取消发布"。

设计审批流程示例可创建以下 6 个事件（应用程序）：通过_签名、驳回设计_取消签名、通过_发布、通过_锁定、驳回设计_解锁定、通过_解锁定。分别调用"服务端提交_签名""服务端提交_取消签名""服务端提交_锁定""服务端提交_解锁定""服务端提交_发布"5 种程序模板，通过修改属性参数的方式创建。

从模板创建的应用程序（事件）通过设置形参来指定功能，以"驳回设计_取消签名"为例，说明如图 3-15 所示，选择"服务端提交_取消签名"程序模板。

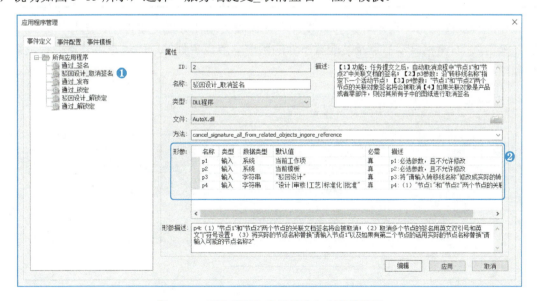

图 3-15 "驳回设计_取消签名"事件的设置

"驳回设计_取消签名"的形参见表 3-1。P1 指当前工作项，是必选参数，不允许修改；P2 指当前模板，是必选参数，不允许修改；P3 指转移线名称，需与流程图（图 3-8）实际转移线名称对应匹配；P4 指取消签名的节点，需修改填写为流程中取消签名的所有节点，

节点之间用符号"|"间隔,如本案例中,设计审批流程需取消签名的节点有"设计|审核|工艺|标准化|批准"。

表 3-1 "驳回设计_取消签名"的形参说明表

名称	类型	数据类型	默认值	必需	描述	备注
P1	输入	系统	当前工作项	真	必选参数,不允许修改	
P2	输入	系统	当前模板	真	必选参数,不允许修改	
P3	输入	字符串	驳回设计	真	转移线名称,应与流程图实际的转移线名称对应匹配	
P4	输入	字符串	设计|审核|工艺|标准化|批准	真	取消签名的任务提交后,取消指定节点的签名,节点间用符号"|"间隔	

定义事件之后,需为每个节点配置相应的事件。以设计节点的事件配置为例,各个节点的事件配置见表 3-2。

表 3-2 设计审批流程各个节点的事件配置

节点	服务端任务提交事件	备注
设计	通过_签名、通过_锁定	
审核	通过_签名、驳回设计_取消签名、驳回设计_解锁定	
工艺	通过_签名、驳回设计_取消签名、驳回设计_解锁定	
标准化	通过_签名、驳回设计_取消签名、驳回设计_解锁定	
批准	通过_签名、通过_解锁定、通过_发布、驳回设计_取消签名、驳回设计_解锁定	

操作流程如图 3-16 所示。选择"设计"→在服务端任务提交事件中,选择"通过_签名""通过_锁定"。右侧栏显示节点及其配置事件的顺序,节点事件的顺序也是该节点被触发事件的执行顺序,右击事件可以调整其顺序。

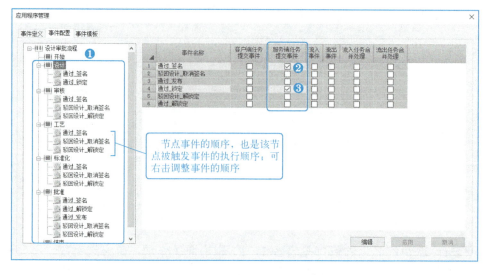

图 3-16 配置事件(应用程序)

（4）工作流模板的完整性检查与发布

工作流模板工具条如图 3-17 所示。工作流模板制作完成后，首先进行模板完整性检测，然后，对工作流模板进行发布。只有发布的流程模板才能在启动流程时可见可选。模板发布后，模板就被冻结了，即不可编辑，如果需要编辑，需要对模板进行取消发布。

图 3-17　工作流模板工具条

3.3.2　图纸签名内容的设置

"签名设置"用于设置签名的位置，如指定某个流程模板的某个审批节点在审批通过后签名在不同类型文件中的具体位置。

CAXA PLM 协同管理的签名模型主要包括以下内容。

1）签名的内容：在"人员权限管理"中的"签名设置中"设置是用文字签名还是图片签名。

2）签名的位置：不同类型的图纸签名位置的设置不同，主要在"系统"的"签名设置"中设置。

3）签名的时机：协同管理中的签名总是在流程任务中签名，用户在收到任务提交之前或者提交任务的过程中对图纸进行签名。任务的关联对象可以通过右键菜单直接手动签名；本任务通过 3.3.1 节设置的"通过_签名""驳回设计_取消签名"应用程序，可实现审批过程中自动签名和签名的取消。

签名设置的操作包含以下步骤。

第 1 步，进入"签名设置"的设置界面。选择菜单"系统"→"签名设置"，如图 3-18 所示。

图 3-18　进入"签名设置"界面

第 2 步，基本设置。选择需要设置签名的流程模板文件，如本例中的"设计审批流程"，同时可以选择签名的日期格式，如图 3-19 所示。

第 3 步，以本例的图纸格式（电子图板）为例，设置签名。操作流程如图 3-20 所示。单击"CAXA 电子图板"→选择"设计审批流程"模板→单击"增加"按钮→在流程列，单击下拉菜单，选择相应节点→在签名人列、签名时间列输入与电子图板图纸标题栏相同的属性名称。

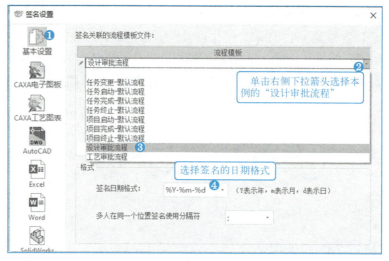

图 3-19　签名的基本设置

图 3-20　CAXA 电子图板的签名设置

图 3-21 所示为电子图板标题栏的签名人、签名时间所填位置。

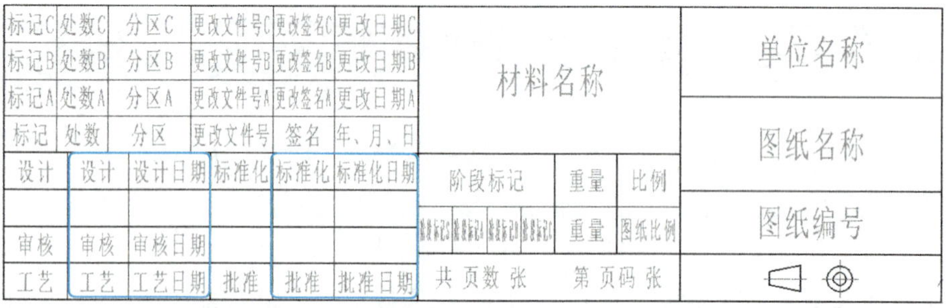

图 3-21　电子图板标题栏的签名人、签名时间

3.3.3　发起图纸审批流程

选取发起图纸审批流程的一般操作流程作为示例：使用已经定义好的设计审批流程模板，如图 3-8 所示。同时，发起 2 个自制件（支架、安装板）的图纸及其

三维模型的审批。注意,选择多张图纸进行审批时,存在部分图纸不通过审核需要被驳回的情况,因此审批节点的参与人选项中建议选中"允许多路选择"选项,如图 3-11 所示。

案例以"设计技术员 A"账号登录系统,作为流程启动者,启动设计审批流程。右击产品结构树的节点"支架",在弹出菜单中选择"启动流程",如图 3-22 所示。

图 3-22 启动流程的方式

在弹出的启动流程对话框中,操作流程如图 3-23 所示。在"选择流程模板"页面选择设计审批流程→在"流程属性"界面输入流程的名称→在"关联对象"页面选择加入安装板零件→单击"完成"按钮,启动流程。

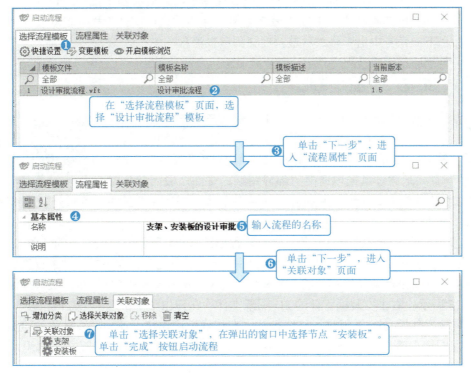

图 3-23 流程设置与启动

流程启动后，流程启动者（此例为设计技术员 A）将首先收到自己提出的流程审批通知，双击流程任务，单击通过，审批流程进入下一个审核节点，操作流程如图 3-24 所示。

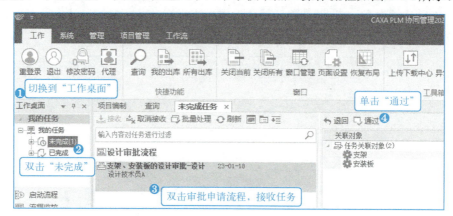

图 3-24　流程启动者通过自身提交的审批流程

工作流程的参与者可以通过"流程监控"，查看流程的审批进度等状况。

任务 3.4　图纸审批

任务内容：在 CAXA PLM 中预设置图纸签名的内容；在"审核"节点，通过支架零件的审批给下一个"工艺"节点，红线批注安装板零件图纸问题后驳回审批到"设计"节点，要求修改安装板零件图纸后重新提交审批；最终支架零件通过设计审批流程并自动发布，而驳回的安装板零件在下一任务中出库修改后重新提交到审批流程。

3.4.1　2D 与 3D 图纸审批

以"设计主管"账号登录 CAXA PLM 系统，在审核节点对流程进行审批，以"多路选择"的方式通过支架零件图纸、驳回安装板零件图纸。注意，审批方式有"多路选择""通过""驳回"三种。"多路选择"方式是通过审批申请中的部分图纸、文件，驳回部分图纸、文件；"通过"方式是通过审批申请的所有图纸、文件；"驳回"方式是驳回审批申请的所有图纸、文件。

第 1 步，接收工作流的审核任务，操作流程如图 3-25 所示。双击"我的任务-未完成"→双击"支架、安装板设计审批流程"，接收任务→分别双击支架、安装板零件进行查看。

第 2 步，红线批注安装板零件的 2D 图纸。进入对安装板零件 2D 图纸的红线批注，操作流程如图 3-26 所示。右击安装板零件的 2D 图纸文件→在弹出菜单中选择"红线批注"。

对安装板零件的 2D 图纸进行红线批注。在红线批注模块，使用红线批注的绘图、标识等功能，在视图窗口查看 2D 图纸，圈出不符合要求的结构或尺寸，进行文字标识，保存后退出，操作流程如图 3-27 所示。

项目 3　产品设计数据入库与审批发布

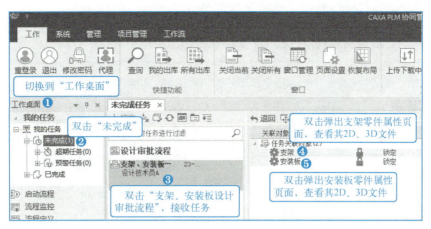

图 3-25　接收并查看流程审核任务

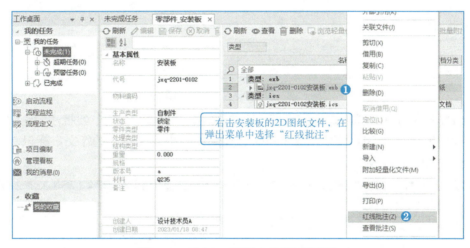

图 3-26　进入 2D 图纸文件的红线批注

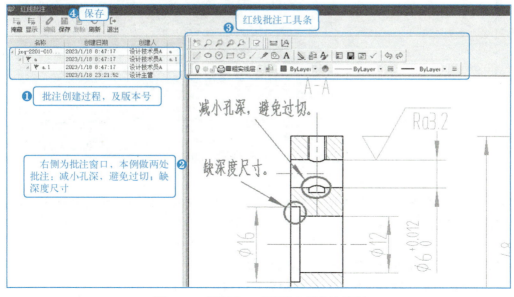

图 3-27　安装板 2D 图纸的红线批注流程

第 3 步，红线批注安装板零件的 3D 图纸。进入对安装板零件 3D 文件的红线批注，操作流程如图 3-28 所示。右击安装板零件的 3D 文件→在弹出菜单中选择"红线批注"。

图 3-28　进入 3D 文件的红线批注

对安装板零件的 3D 模型进行红线批注。在红线批注模块，使用红线批注的绘图、标识等功能，在视图窗口查看 3D 模型，圈出不符合要求的结构或尺寸，进行文字标识，保存后退出，操作流程如图 3-29 所示。

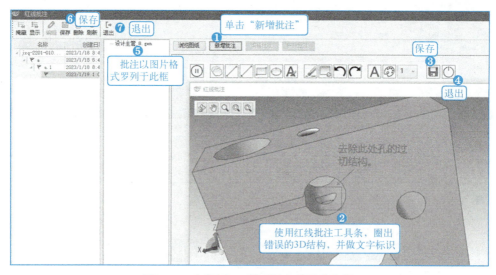

图 3-29　安装板 3D 模型的红线批注流程

第 4 步，"多路选择"审批支架、安装板零件。经过审核，支架零件数据无误，而安装板零件存在结构错误和尺寸缺失的情况，决定通过支架零件图纸，红线批注后驳回安装板零件图纸。

此时应使用"多路选择"的审批方式，操作流程如图 3-30 所示。单击"多路选择"的审批方式→在弹出的多路选择对话框中，将支架零件移动到通过的下一个节点"工艺"→将安装板零件移动驳回到上一个节点"设计"，单击确定完成审批操作。

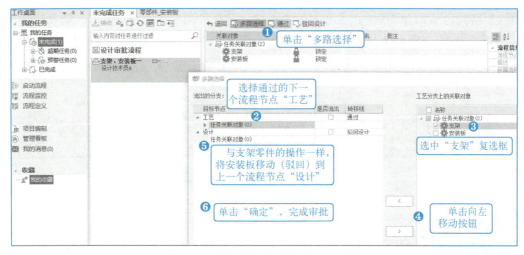

图 3-30 "多路选择"审批的操作流程

3.4.2 查看已发布的图纸

产品设计完成,经过审核后,可以进行发布。案例的设计审批流程(图 3-8)中,最终的批准节点设置了"通过_发布"事件,见表 3-2。支架零件经过设计审批流程(审核→工艺→标准化→批准)后将自动发布,如图 3-31 所示,支架零件的状态已显示为"发布"。

查看已发布的图纸

图 3-31 支架零件的发布状态

发布状态表示产品下的设计数据可以进入到下一环节,投入工艺设计与生产。处于发布状态的图纸,用户不能再修改。当用户需要对文档进行再次修改时,可以对文档进行取消发布操作。

发布也可以采取手动的操作方式:右击产品结构树的节点,或右击节点的具体文件→在弹出菜单中选择"生命周期-发布"。如对象为借用件(定义见项目 7),且原件不在当前操作范围内,则不会执行发布操作。如果一个零部件的上级零部件没有发布,则该零部件可以发布;如果一个零部件被发布或者取消发布,则其下所有子零部件都将被发布或者取消发布。

服务器中保存的文档是有版本区别的,用户可以在客户端属性区的"工作版本"选项看到相应文档的版本记录。系统会记录每次修改发布以及最后归档的版本。用户可以根据需要查看任何一个版本。CAXA 协同管理工作版本的编码有两部分,前面英文字母代表版本号,后面的数字代表工作版本(版次号),版本号规则定义如下:新建文件版本为 a.1;每出库一次,后缀数字加 1，格式为 a.2、a.3……；发布时版本不变，但在备注中注明发布版本；重发布时大版本按字母表顺序顺推，如 a 变为 b，以 b.1、b.2……以及 c、d、e……类推，如图 3-32 所示。

	版本/版次号	创建人	创建时间	描述	文件大小(KB)	快照	红线批注	签名
1	a	设计技术员A	2023/1/18 8:47			☐	☐	☑
2	a.1	设计技术员A	2023/1/18 8:47		140.5	☐	☑	☐
3	a.2	设计技术员A	2023/1/20 0:49	[发布2023-01-20 03:05:45]	138.5	☐	☐	☐
4	b	设计技术员A	2023/1/20 3:11			☐	☐	☐
5	b.1	设计技术员A	2023/1/20 3:11		138.5	☐	☐	☐

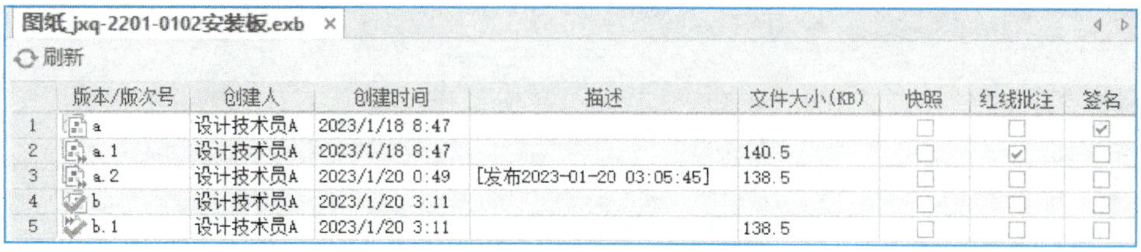

图 3-32　CAXA PLM 系统的工作版本

任务 3.5　图纸出库修改

3.5.1　出库与取消出库

当产品文档存入 PLM 系统后处于入库状态时，其存放于电子仓库中。如果需要对文档进行重新设计或者修改，可以将文档出库。在文档区选中需要设计或者修改的文档，右击“生命周期”→“出库”，执行出库操作。

文档出库后，用户可以对该文件进行相关操作。对文件的每次出库操作，系统会生成一个新的工作版次。对于已经出库的文件，当用户在阅览后发现暂时不需要修改时，可以使用“取消出库”命令来恢复文件的入库状态。方法是选中出库文档，右击弹出菜单→生命周期→取消出库，执行取消出库操作。

单击“系统”→“常规”→“选项”，选择本地目录选项卡，弹出“本地目录”界面，如图 3-33 所示。用户可以通过浏览设置文件夹修改“临时目录”文件夹以及“出库目录”文件夹。“临时目录”是用户在浏览图纸时，图纸下载到本地的目录；“出库目录”是用户对图纸或零件出库时下载到本地的文件，用户对此文件进行修改再入库就会更新到电子仓库中。

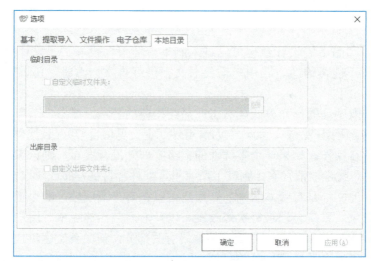

图 3-33　本地目录设置界面

系统为用户提供了查看出库文件的功能，单击菜单"工作"→"我的出库"或"所有出库"，弹出出库文件列表框。该列表不仅为用户列出了当前用户出库的文件，并且在右侧提供了"入库""取消出库"和"继续编辑"功能按钮，用户可以在该对话框状态下直接执行文件的入库、取消出库或者继续编辑命令。在执行入库、取消出库或者继续编辑命令时可以选择多个文件同时进行。

3.5.2 图纸出库修改

图纸出库修改

图纸出库修改的过程，一般以设计审批流程中驳回的安装板零件进行描述。

案例安装板零件的 3D 结构、2D 图纸都被驳回修改，批改意见如图 3-27、图 3-29 所示。案例以"设计技术员 A"账号登录系统，出库修改的步骤为：接收驳回的审批申请→查看安装板的红线批注意见→出库安装板的 3D 文件与 2D 图纸→修改 3D 文件→修改 2D 图纸→入库→提交返回审批流程。

（1）接收驳回的审批申请

案例安装板零件被驳回，设计技术员 A 登录系统后，首先接收被驳回的审批申请，操作流程如图 3-34 所示。双击"未完成"→双击驳回的审批申请→双击驳回的任务。

图 3-34　接收驳回的审批申请

（2）查看红线批注的意见

右键分别单击安装板零件的 3D、2D 文件，在弹出菜单中选择"查看批注"，查阅被驳回的批注意见，批改意见如图 3-27、图 3-29 所示。

（3）出库安装板的 3D 与 2D 文件

由于安装板零件的 3D 与 2D 文件已经建立了关联关系，所以 3D 与 2D 文件可以自动关联出库；考虑到先修改 3D 模型中的结构，因此右击安装板的 3D 文件出库，操作流程如图 3-35 所示。右击安装板的 3D 文件→在弹出菜单中选择"生命周期"→选择"出库"→弹出"出库配置对话框"，选中 3D、2D 文件→单击"确定"按钮，完成出库。

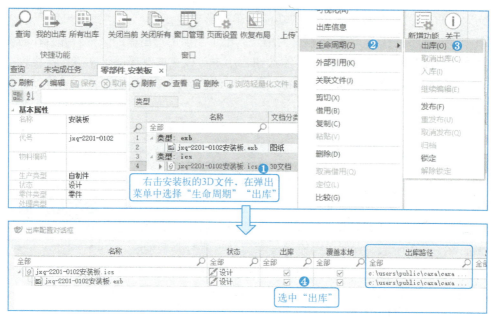

图 3-35　安装板的出库操作流程

（4）修改 3D 模型文件

出库后，首先修改安装板的 3D 模型文件，修改去除孔的过切结构。出库的 3D 模型修改时，关联出库的 2D 图纸也同时自动修改，如图 3-36 所示。

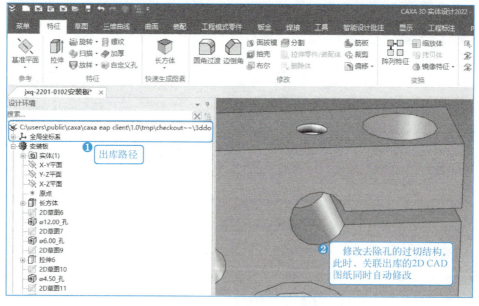

图 3-36　修改出库的安装板 3D 模型文件

（5）修改 2D CAD 图纸文件

使用 CAXA 3D 实体设计软件打开安装板的 2D CAD 图纸，可见孔的过切结构随 3D 模型的修改而自动更新，按照批注意见补充标注孔沉头的深度尺寸，保存文件，完成修改，如图 3-37 所示。

项目 3　产品设计数据入库与审批发布

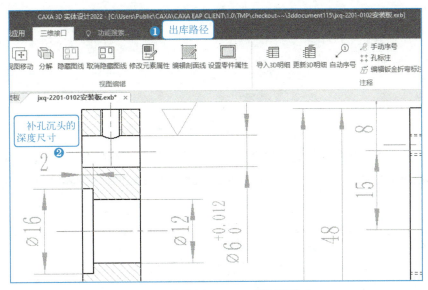

图 3-37　安装板 2D CAD 图纸的修改

（6）入库

安装板零件的 3D 模型文件、2D 图纸按照批注意见修改保存之后，重新入库操作流程如图 3-38 所示。右击安装板 3D 模型文件→在弹出菜单中选择"生命周期"→选择"入库"→弹出入库参数设置对话框，单击"确定"按钮→弹出入库配置对话框，单击"确定"按钮。

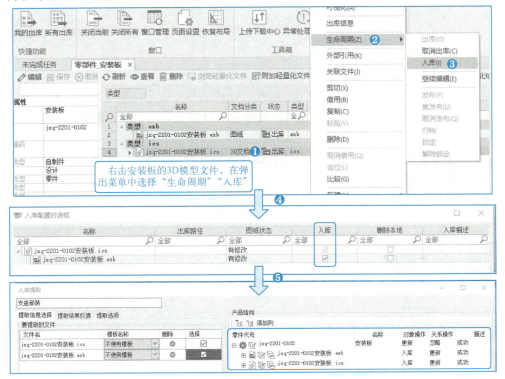

图 3-38　重新入库操作流程

（7）提交返回审批流程

切换到工作流程的未完成任务页面，单击"通过"，重新提交到审批流程，如图 3-39 所示。

图 3-39 提交返回安装板的审批流程

设计技术员 A 等流程的参与者可以通过"流程监控"查看流程状态，如图 3-40 所示。

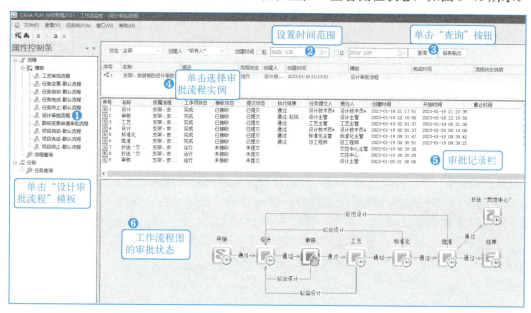

图 3-40 设计审批流程的流程监控状态

安装板零件的修改通过后续审核、工艺、标准化、批准节点审批后，将按流程的设置自动发布，并抄送给文控中心的工作人员。

PLM 协同管理系统在文件出库时除了能启动 CAXA 相关文件，在与其他软件集成的情况下，系统也会调用相关的应用程序来打开出库文件，如对 DOC 文档采用 Word 打开，或指定应用程序对出库文件进行打开。

任务 3.6　设计变更

3.6.1　设计变更管理的意义

设计变更，也称工程更改，是由于各类原因对产品的原设计状态或其零部件进行修改，达到修改、完善和优化设计的目的。在产品设计从启动到成熟的过程中，设计变更无法避免。通常引起设计变更的原因有以下几类：市场需求导致的公司决策、产品工程验证或测试失效、生产过程改进、降低成本、售后问题改进、国家法规变化导致出现新要求等。

设计变更是产品设计过程的一部分，因此它也关系到进度、设计质量和设计成本的控制。所以加强设计变更的分类及管理，对规范设计质量行为，确保产品设计质量和周期，控制产品成本，进而提高产品设计质量具有十分重要的意义。

通过 PLM 实现设计变更管理，能够实现数据的流转和共享，确保变更前后产品设计数据来源的正确性和一致性，产品数据演进关系一目了然；能利用固化的规范设计变更流程，确保变更流程能够严格执行；确保设计变更参与人员与过程可控可追溯；能有效规避关联件或借用件漏改、错改等问题；审批跟踪更加高效。

3.6.2 图纸变更流程

图纸变更申请由现场的生产部门等提出后，需进行变更需求合理性评估，决定是否进行图纸变更。如果确定进行变更，则研发设计部门调整图纸后，再次进入到设计审批流程。可以通过在设计审批流程前加入图纸变更的审批节点，构成图纸变更审批流程，如图 3-41 所示。图纸变更申请流程各个节点的操作如任务 3.3、任务 3.4、任务 3.5，此处不再赘述。

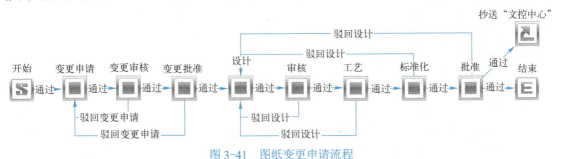

图 3-41 图纸变更申请流程

【习题】

一、判断题

1. 批量入库仅将产品数据文件入库到产品结构树的相应节点，对产品结构树的结构不产生影响。（　　）
2. 数据单独入库后，往往需要通过"外部引用"将其与库中相关文件进行关联。（　　）

二、多选题

1. 图纸标准化的基础工作包括（　　）等。
   A．属性定义　　　　B．样式规范　　　　C．制造工艺　　　　D．装配工艺
2. 工作流程模板的定义文件主要由（　　）组成。
   A．流程节点　　　　B．流程参与者　　　C．转移线　　　　　D．流转方向

三、简答题

1. 简述数据标准化的意义。
2. 简述 PLM 系统中产品数据的版本编码与出入库修改、发布的关系。

项目 4　产品工艺数据入库与审批发布

 教学目标

知识目标：

1. 了解工艺数据标准化、工艺文件规范化的基本含义及其意义；
2. 理解产品工艺数据入库的含义、批量入库方法、单独入库方法；
3. 认识工作流的应用，了解工作流的定义过程以及参与者的设置选项；
4. 理解工艺审批流程中多路选择、通过、驳回的应用场景；
5. 理解工艺文件签名的含义、签名设置与审批流程的关系；
6. 理解工艺文件发布的含义、工艺文件发布与版本号的关系；
7. 理解工艺文件出库的含义、工艺文件出库与版次号的关系；
8. 理解工艺文件的红线批注功能；
9. 了解工艺文件变更的应用场景、变更管理的意义。

能力目标：

1. 能够批量入库产品工艺数据文件；
2. 能够单独入库产品工艺数据文件；
3. 能够以案例的工艺审批流程模板启动工作流程；
4. 能够在案例的工艺审批流程的各个节点进行审批；
5. 能够设置签名，实现工艺审批流程过程中的自动签名；
6. 能够在工艺审批流程中，对流程文件进行红线批注；
7. 能够出库、修改、入库、重新提交工艺文件。

素养目标：

1. 具有良好的网络安全、数据安全意识，严格遵守所在单位的网络规则；
2. 具有良好的工作流规范意识；
3. 具有良好的 PLM 在线文档查阅、批注习惯；
4. 具有良好的网络协作精神。
5. 具有良好的在线文档版本意识以及在线文档管理意识。

项目分析

基于面向产品工艺的业务过程，在 PLM 系统入库工艺数据，继而创建、实施工艺审批工作流程：依照实际的工艺业务流程，创建工艺审批流程模板→基于工艺审批流程模板，发起工艺文件的审批流程→对工艺文件进行审阅、批注、电子签名，通过或驳回→对存在问题被驳回的工艺文件进行出库、修改、再入库→通过各个关联部门审批的工艺文件自动抄送、发布。

发布状态的工艺文件如需修改或变更，则由相应的现场实施人员启动相应的变更审批流程，通过变更审批之后变更产品工艺数据。

任务 4.1　工艺数据标准化

4.1.1　工艺数据标准化要求

工艺规划和工艺设计是企业生产制造的重要环节，在整个产品设计制造周期中占有相当大的比例，并且耗费很多人力物力。工艺数据标准化是企业数据标准化的重要内容。做好工艺数据标准化工作，可以提升信息化水平，沉淀工艺知识和积累工艺经验，减少工艺设计工作量，改进工艺水平，稳定生产工艺，缩短生产准备周期，提高生产效率，降低生产成本，保证产品质量。

工艺数据标准化的主要要求如下。

1. 对大量工艺信息进行分析与规范统一

企业工艺规划和设计处于产品设计和制造的接口处，需要分析和处理大量信息。既要考虑设计图样上有关零件结构形状、尺寸公差、材料、热处理要求等方面的信息，又要了解制造中有关加工方法、加工设备、生产条件、加工顺序、工时定额等方面的信息。需要对各个环节关注和使用到的信息进行统一梳理和通盘考虑，制定数据规范。

2. 知识重用和知识再用

知识重用和知识再用的思想，有助于利用企业已有知识，快速大量地处理各种工艺信息，如对工艺文件进行分类、整理，方便工艺人员查询，在典型工艺的基础上派生出零件工艺；建立各种工艺参数、技术手册、企业实际生产过程中积累的经验数据的数据库，便于查询和帮助决策。

3. 利用 PLM 系统对工艺数据进行管理和分享

PLM 的工艺数据管理系统中能够建立完整的工艺信息描述和存储机制，其中的工艺数据不仅可以汇总生成各种用户定制的美观规范的工艺表格和 BOM 信息（各种明细汇总表），也可以通过数据库形式来存储数据，这样就可以实现与 ERP/MES 等系统集成，将工艺数据提供给后续采购、生产等部门进行成本核算、原材料采购、生产排产等。

4.1.2　工艺文件规范化

工艺文件规范化是企业提升工艺技术管理和水平的重要方法，是企业推进精益生产、集约化生产的重要途径。

工艺文件的规范化，可以体现为工艺文件的模板统一、工艺术语与工艺知识的统一。工艺文件的规范化，便于设计数据的传递，方便工艺人员快速编辑工艺文件；使工艺知识可以按分类进行积累、沉淀；方便将工艺的数据传递给后续加工、装配、财务等应用部门，方便统计、汇总各类工艺信息。规范化的电子工艺卡片如图 4-1 所示。

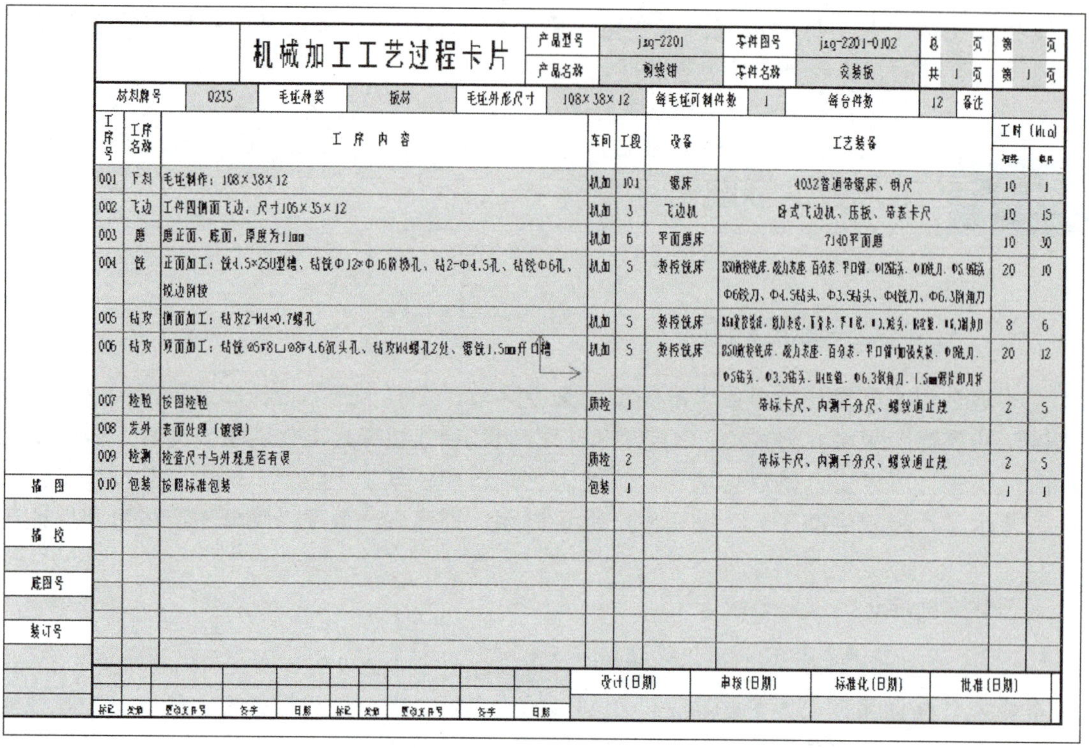

机械加工工艺过程卡片		产品型号	jxq-2201	零件图号	jxq-2201-0102	总 页	第 页
		产品名称	剪线钳	零件名称	安装板	共 1 页	第 1 页
材料牌号	Q235	毛坯种类	板材	毛坯外形尺寸	108×38×12	每毛坯可制件数 1	每台件数 12 备注

工序号	工序名称	工序内容	车间	工段	设备	工艺装备	工时（min）准终	工时（min）单件
001	下料	毛坯制作：108×38×12	机加	101	锯床	4032普通带锯床、钢尺	10	1
002	飞边	工件四侧面飞边，尺寸106×35×12	机加	3	飞边机	卧式飞边机、压板、带表卡尺	10	15
003	磨	磨正面、底面，厚度为11mm	机加	6	平面磨床	7140平面磨	10	30
004	铣	正面加工：铣4.5×250型槽、钻铣Φ12×Φ16阶梯孔、钻2-Φ4.5孔、钻铰Φ6孔、锐边倒棱	机加	5	数控铣床	850数控铣床、磁力表座、百分表、平口钳、Φ12钻头、Φ10铣刀、Φ5.9钻头、Φ6铰刀、Φ4.5钻头、Φ3.5钻头、Φ4铣刀、Φ6.3倒角刀	20	10
005	钻攻	侧面加工：钻攻2-M4×0.7螺孔	机加	5	数控铣床	850数控铣床、磁力表座、百分表、平口钳、Φ3.3钻头、M4丝锥、Φ6.3倒角刀	8	6
006	钻攻	顶面加工：钻铣Φ5▽8⌴Φ8▽4.6沉头孔、钻攻M4螺孔2处、锯铣1.5mm开口槽	机加	5	数控铣床	850数控铣床、磁力表座、百分表、平口钳加强夹板、Φ8铣刀、Φ5钻头、Φ3.3钻头、M4丝锥、Φ6.3倒角刀、1.5mm锯片铣刀	20	12
007	检验	按图检验	质检	1		带标卡尺、内测千分尺、螺纹通止规	2	5
008	发外	表面处理（镀银）						
009	检测	检查尺寸与外观是否有误	质检	2		带标卡尺、内测千分尺、螺纹通止规	2	5
010	包装	按照标准包装	包装	1			1	1

描图 描校 底图号 装订号

标记	处数	更改文件号	签字	日期	标记	处数	更改文件号	签字	日期	设计（日期）	审核（日期）	标准化（日期）	批准（日期）

图 4-1 规范化的电子工艺卡片

任务 4.2 产品工艺数据入库

任务内容：采用“批量入库”的方式，把剪线钳各个自制件的加工工艺文件入库到产品结构树的相应零件节点；采用“单独入库”的方式，把剪线钳总装的装配工艺文件入库到产品结构树的剪线钳总装节点。

4.2.1 批量入库零件加工工艺文件

批量入库工艺文件的依据是每个工艺图表文件都包含的零部件代号信息。在现有的产品结构中的产品节点上，用户可批量导入一批工艺图表文件，CAXA PLM 协同管理系统将提取工艺信息，根据代号与零部件进行匹配，对于本产品中代号已存在的零部件，可直接将该工艺图表文件与零部件关联入库。而找不到关联零部件的工艺文件则不能批量导入，用户可以在相应的产品节点下通过导入文件的方式单独导入此工艺文件。

以剪线钳自制件的工艺文件导入为例，介绍批量导入工艺文件的操作方法。

操作流程如图 4-2 所示。在产品结构树视图中，右击剪线钳总装节点“jxq-2201” →在弹出菜单中选择“批量入库”→选择“工艺文档”，系统弹出“批量入库”对话框→在“提取信息选择”页面，单击“添加文件”，选择全部工艺文档→单击“提取”按钮，提取工艺文档，并与产品结构树的节点匹配→单击“保存”按钮完成批量入库。

项目 4　产品工艺数据入库与审批发布

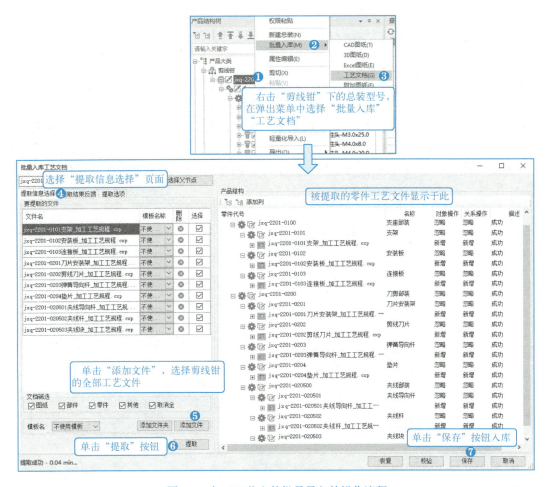

图 4-2　加工工艺文件批量导入的操作流程

批量入库操作后，每个工艺文档自动关联入库到相应的产品结构树节点，入库效果如图 4-3 所示。

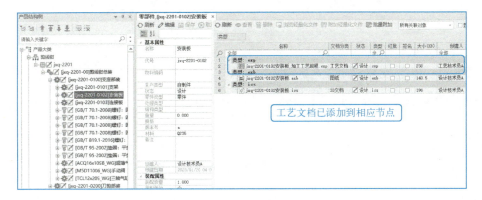

图 4-3　加工工艺文档批量导入结果

4.2.2 单独入库装配工艺文件

零散的技术文档不具备批量入库的条件,可以进行单独入库操作。如剪线钳总装的装配工艺文件,采取单独入库的操作,入库关联到产品结构树的剪线钳总装节点。

操作流程如图 4-4 所示。右击节点页面空白处,在弹出菜单中选择"导入"→选择"工艺文档",弹出文件提取对话框→单击"添加文件"按钮,选择单独入库的装配工艺文件→单击"提取"按钮,提取成功后的装配工艺文件显示在右侧→单击"保存"按钮,完成文档入库。

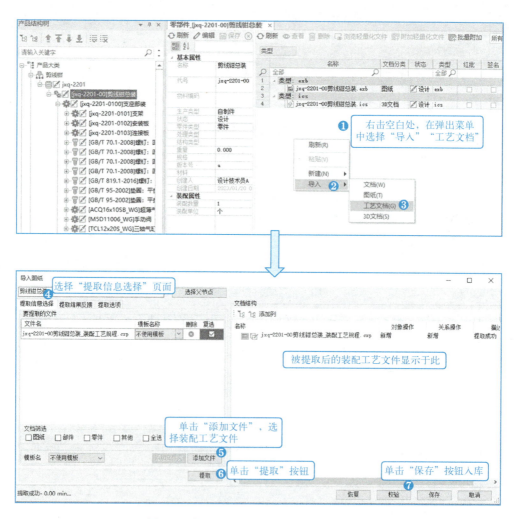

图 4-4 装配工艺文档单独导入的操作流程

装配工艺文档单独导入结果如图 4-5 所示。

项目 4　产品工艺数据入库与审批发布

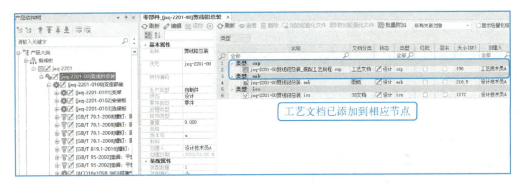

图 4-5　装配工艺文档单独导入结果

任务 4.3　启动工艺文件的审批流程

任务内容：认识审批流程的定义过程，以工艺技术员 A 的身份发起两个零件（案例零件为支架、安装板）的工艺审批申请。

工艺图纸审批的工作流程操作与项目 3 设计图纸审批的流程操作类似。

4.3.1　认识/定义工艺审批流程

CAXA PLM 工作流管理的基本介绍与操作，参见项目 3 中任务 3.3 的介绍。

定义工艺审批流程的操作包括绘制工艺审批流程、添加参与者、添加流程事件、发布工作流模板。

1. 绘制工艺审批流程

本案例工艺审批流程适用一般的应用场合，根据通用的工艺卡片审批节点要求构建工艺审批流程：工艺→审核→标准化→批准。工艺审批流程模板构建如图 4-6 所示，图中文控中心的主要职责是管理、打印技术图纸。

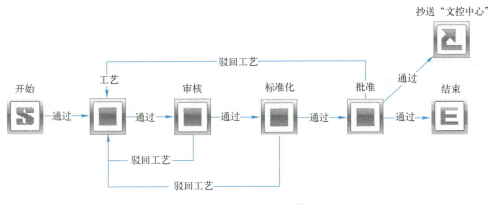

图 4-6　工艺审批流程模板

2. 添加参与者

流程节点的参与者可以是单个人、多个人、某个角色的一类人、某个部门的人员或者符合某类规则的一群人。添加节点参与者的步骤如下。

第 1 步，添加所有参与工艺审批流程的参与者。操作流程如图 4-7 所示。右击流程图绘制区的空白区域，在弹出菜单中选择"参与者管理"，弹出对话框，选择所有的流程参与者，添加到右侧的参与人员列表。

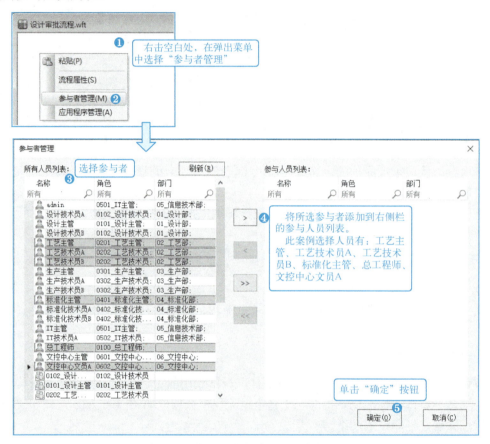

图 4-7　添加工艺审批流程的所有参与者

第 2 步，为第一个节点指定流程参与者。第一个节点的流程参与者一般指定为"流程启动者"，即发起流程的人员。工艺审批流程的流程启动者一般是工艺部的工艺人员，如本案例中是工艺技术员 A、工艺技术员 B。

双击工艺审批流程的"工艺"节点，弹出属性对话框。操作流程如图 4-8 所示。选择"参与者"页面→单击"详细设置"按钮→选中"流程启动者"→将"流程启动者"添加到人员列表→单击"确定"按钮，完成添加。

其中，"参与者"属性界面的选项介绍参照项目 3 任务。

第 3 步，为后续的每一个节点指定参与者。审核节点的参与者为"工艺主管"，标准化节点的参与者为"标准化主管"，批准节点的参与者为"总工程师"，抄送节点的参与者为"文控中心文员 A"。并为每一个节点的审批负责人设置"代理"功能，即节点的审批主管因出差、假期等原因不能审批时，可以委托其他人员替代审批。

项目 4 产品工艺数据入库与审批发布

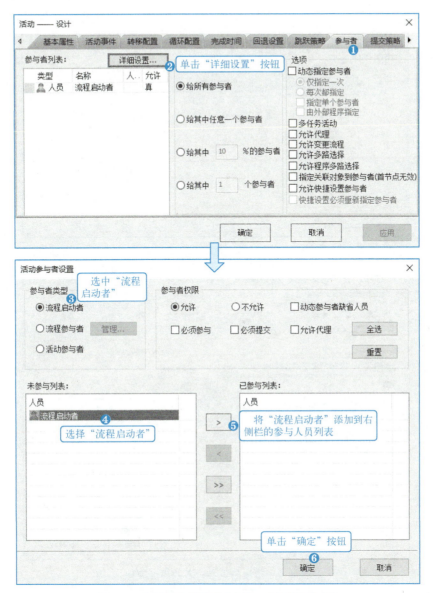

图 4-8 为第 1 个流程节点添加"流程启动者"

为审核节点添加工艺主管作为参与者，设置"允许多路选择""允许代理"功能。操作流程如图 4-9 所示。选择"参与者"→选中"允许代理""允许多路选择"复选框→单击"详细设置"按钮→选中"流程参与者"单选项→选择"工艺主管"，添加到右侧人员列表→单击"确定"按钮，完成设置。

节点的参与人（如工艺主管）用自己的账号登录之后，可以设置指定的代理人，操作流程为单击菜单"工作"→选择"代理"，如图 4-10 所示。弹出"用户代理"对话框，在"用户代理"页面选择指定的代理人，在"代理设置"页面选择设计审批流程，完成代理设置，如图 4-11 所示。

标准化节点与批准节点参与者设置代理人的操作流程与审核节点一致。

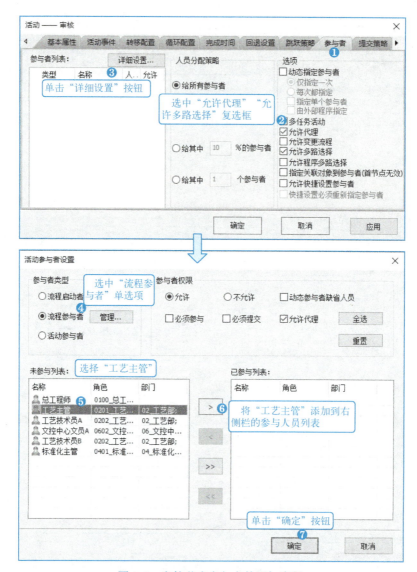

图 4-9　审核节点参与者的添加流程

图 4-10　进入代理设置

3. 添加流程事件

工作流程的应用程序管理的介绍参照项目 3 的相应内容。

工艺审批流程示例创建以下 6 个事件（应用程序）："通过_签名""驳回工艺_取消签名""通过_发布""通过_锁定""驳回工艺_解锁定""通过_解锁定"，如图 4-12 所示。分别调用"服务端提交_签名""服务端提交_锁定""服务端提交_解锁定""服务端提交_发布""服务端提交_取消签名""服务端提交_解锁定"6个程序模板通过修改属性参数的方式创建。

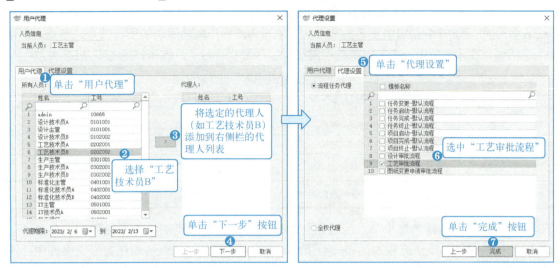

图 4-11 设置代理人的操作流程

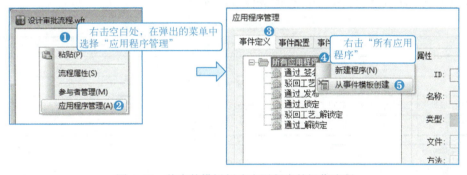

图 4-12 从事件模板创建应用程序的操作流程

从模板创建的应用程序（事件）通过设置形参来指定功能，以"驳回工艺_取消签名"为例，说明如图 4-13 所示，选择"服务端提交_取消签名"程序模板。

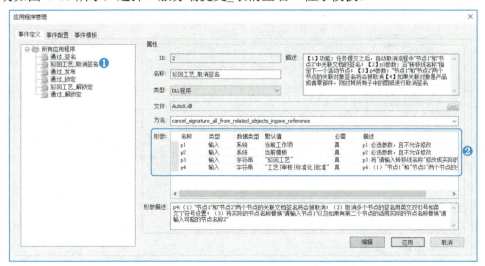

图 4-13 "驳回设计_取消签名"事件的设置

"驳回工艺_取消签名"的形参见表 4-1。P1 指当前工作项，是必选参数，不允许修改；P2 指当前模板，是必选参数，不允许修改；P3 指转移线名称，需与工艺审批流程图（图 4-6）实际的转移线名称对应匹配；P4 指取消签名的节点，需填写为流程中取消签名的所有节点，节点之间用符号"|"间隔，在本案例中，工艺审批流程需取消签名的节点有"工艺|审核|标准化|批准"。

表 4-1 "驳回工艺_取消签名"的形参说明表

名称	类型	数据类型	默认值	必需	描述	备注
P1	输入	系统	当前工作项	真	必选参数，不允许修改	
P2	输入	系统	当前模板	真	必选参数，不允许修改	
P3	输入	字符串	驳回设计	真	转移线名称，与流程图实际的转移线名称对应匹配	
P4	输入	字符串	工艺|审核|标准化|批准	真	取消签名的任务提交后，取消指定节点的签名，节点用符号"|"间隔	

定义事件之后，需为每个节点配置相应的事件。以设计节点的事件配置为例，各个节点的事件配置见表 4-2。操作流程如图 4-14 所示。单击"工艺"，在服务端任务提交事件中，选中"通过_签名""通过_锁定"复选框。右侧栏显示节点及其配置事件的顺序，节点事件的顺序，也是该节点被触发事件的执行顺序，右击事件可以调整其顺序。

表 4-2 工艺审批流程各个节点的事件配置

节点	服务端任务提交事件	备注
工艺	通过_签名、通过_锁定	
审核	通过_签名、驳回工艺_取消签名、驳回工艺_解锁定	
标准化	通过_签名、驳回工艺_取消签名、驳回工艺_解锁定	
批准	通过_签名、通过_解锁定、通过_发布、驳回工艺_取消签名、驳回工艺_解锁定	

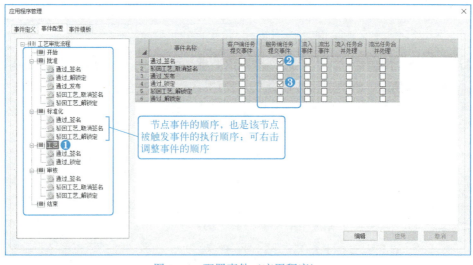

图 4-14 配置事件（应用程序）

4．发布工作流模板

工作流模板制作完成后，首先进行模板完整性检测。通过检测后可正式发布工作流模板。只有发布的流程模板才能在启动流程时可见可选。模板发布后，模板就被冻结了，即不可编辑，如果想要编辑，需要先取消发布。

4.3.2 发起工艺审批流程

选取发起工艺审批流程的一般操作流程作为示例：使用已经定义好的工艺审批流程模板（图 4-6），同时发起两个自制件（支架、安装板）的工艺过程卡的审批。注意，选择多个工艺文件进行审批时，存在部分工艺文件不通过审核需要被驳回的情况，因此审批节点的参与人选项中建议选中"允许多路选择"选项，如图 4-9 所示。

案例以"工艺技术员 A"账号登录系统，作为流程启动者，启动工艺审批流程。右击产品结构树的节点"支架"下工艺文件，在弹出菜单中选择"启动流程"，如图 4-15 所示。

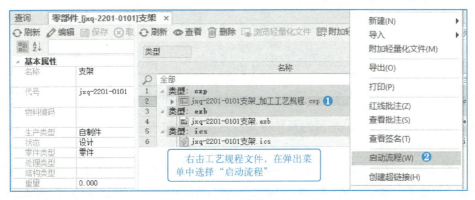

图 4-15　对工艺文件启动流程

在弹出的"启动流程"对话框中，操作流程如图 4-16 所示。在"选择流程模板"页面选择"工艺审批流程"模板→在"流程属性"界面输入流程的名称→在"关联对象"页面选择加入安装板零件的工艺卡→单击"完成"按钮，启动流程。

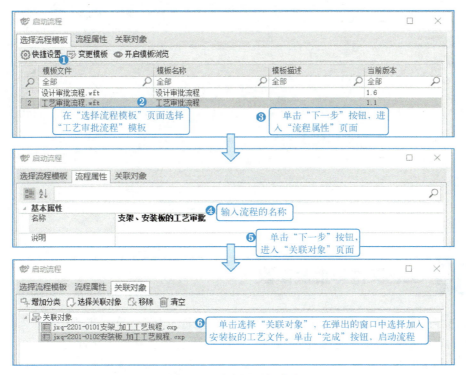

图 4-16　流程设置与启动

流程启动后，流程启动者（此例为工艺技术员 A）将首先收到自己提出的流程审批通知，双击流程任务，单击通过，审批流程进入下一个审核节点，操作流程如图 4-17 所示。

图 4-17　流程启动者通过自身提交的审批流程

说明：如出现签名报警，是因为系统中对应的签名设置没有设定，须先设定，具体操作方法参见 4.4.1 节相关内容。

工作流程的参与者可以通过"流程监控"查看流程的审批进度等状况，如图 4-18 所示。

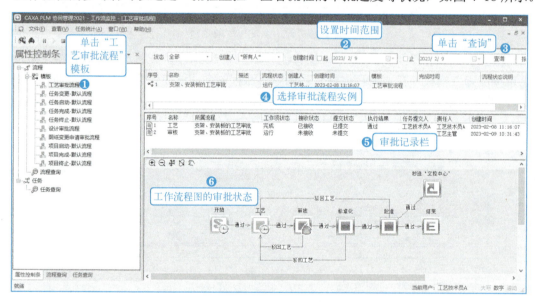

图 4-18　审批流程的监控查看

任务 4.4　工艺文件审批及修改

任务内容：在 CAXA PLM 中预设工艺文件签名的内容；在"审核"节点，通过支架零件工艺卡的审批给下一个"标准化"节点，红线批注安装板零件工艺问题后驳回审批到"工艺"节点，要求修改安装板零件工艺文件后重新提交审批；最终支架零件通过设计审批流程并自动发布，被驳回的安装板零件在出库修改后重新提交到审批流程。

4.4.1 工艺文件签名内容的设置

"签名设置"用于设置签名的位置，如指定某个流程模板中某个审批节点在审批通过后在不同类型文件中的具体位置签名。

CAXA PLM 协同管理的签名模型主要包括内容如下。

1）签名的内容：在"人员权限管理"中的"签名设置"中设置是用文字签名还是图片签名。

2）签名的位置：不同类型的文件，签名位置的设置不同，需要在"系统"的"签名设置"中设置。

3）签名的时机：协同管理中的签名可以在流程任务中自动实现，用户在收到任务提交审批意见的过程中对文件进行签名。审批人员接收某一审批任务后，在任务的关联对象上右击，"签名"菜单中可以选择手动签名；本任务通过表 4-2 设置的"通过_签名""驳回工艺_取消签名"应用程序实现审批过程中自动签名和签名的取消。

签名设置的操作包含以下步骤。

第 1 步，进入"签名设置"界面。操作流程如图 4-19 所示。单击菜单"系统"→"签名设置"。

图 4-19 进入"签名设置"界面

第 2 步，基本设置。首先在"基本设置"中选择添加需要设置签名的工作流程模板，如本例的工艺审批流程。操作流程如图 4-20 所示。单击"基本设置"选项→单击右栏空白处的行下拉箭头，选择"工艺审批流程"→选择签名日期格式。

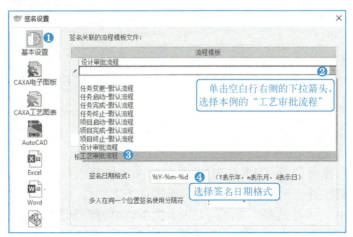

图 4-20 基本设置中添加工作流程模板

第 3 步，对 CAXA 工艺图表的签名设置，以本例的图纸格式（工艺图表）为例，设置签名。操作流程如图 4-21 所示。单击"CAXA 工艺图表"→选择"工艺审批流程"模板→单击"增加"按钮→在流程列，单击下拉菜单，选择相应节点→在"签名人""签名时间"列输入与工艺图表模板相同的属性名称。需要注意，"签名人"和"签名时间"列的名称项须加"，1"后缀，如签名人"工艺"应填写为"工艺,1"，签名时间"工艺时间"应填写为"工艺时间,1"。

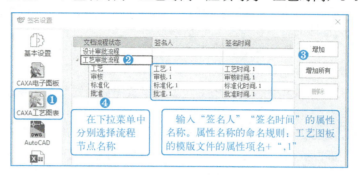

图 4-21 CAXA 电子图板的签名设置

说明：CAXA CAPP 工艺图表模板文件的对应属性项（单元格名称）的查看，如图 4-22 所示。

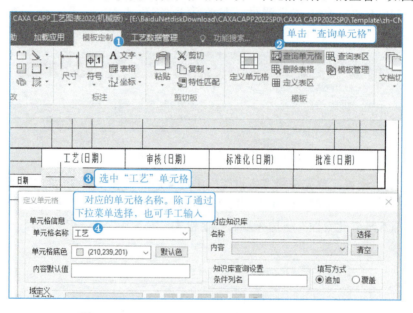

图 4-22 CAXA CAPP 工艺图表中的属性项查看

4.4.2 工艺文件审批

以"工艺主管"账号登录 CAXA PLM 系统，在审核节点对流程进行审批，以"多路选择"的方式通过支架零件工艺文件、驳回安装板零件工艺文件。注：审批方式有"多路选择""通过""驳回"三种。"多路选择"方式是通过审批申请中的部分图纸、文件，驳回部分图纸、文件；"通过"方式是通过审批申请所有的图纸、文件；"驳回"方式是驳回审批申请所有的图纸、文件。

第 1 步，接收工作流的审核任务。操作流程如图 4-23 所示。双击"我的任务-未完成"→双击"支架、安装板的工艺审批流程"，接收任务→分别双击支架、安装板零件进行查看。

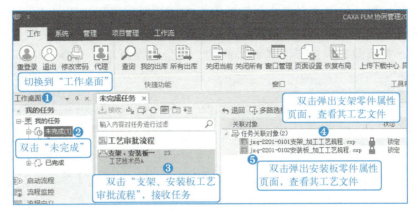

图 4-23　接收并查看流程审核任务

第 2 步，红线批注安装板零件的工艺文件。进入对安装板零件工艺文件的红线批注，操作流程如图 4-24 所示。右击安装板零件的工艺文件，在弹出菜单中选择"红线批注"。

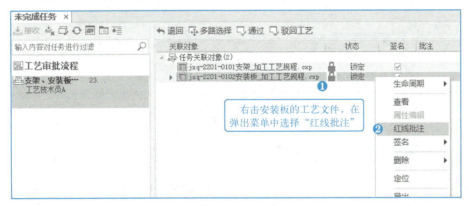

图 4-24　进入 2D 文件的红线批注

对安装板零件的工艺文件进行红线批注。在红线批注模块，使用红线批注的绘图、标识等功能，在视图窗口查看工艺文件，圈出需修改的工艺，进行文字标识，保存后退出，操作流程如图 4-25 所示。

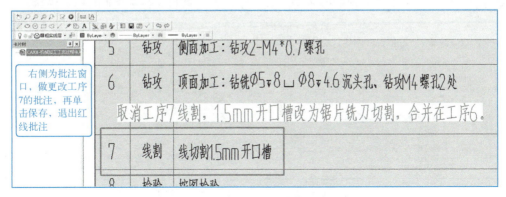

图 4-25　安装板工艺规程的红线批注

第 3 步,"多路选择"审批支架、安装板零件工艺文件。经过审核,支架零件数据无误,而安装板零件工艺存在需修改的情况,决定通过支架零件工艺文件,红线批注后驳回安装板零件工艺文件。使用"多路选择"的审批方式,操作流程如图 4-26 所示。单击"多路选择"的审批方式→在弹出的"多路选择"对话框中,将支架零件移动到通过的下一个节点"标准化"→将安装板零件移动(驳回)到上一个流程节点"工艺",单击"确定"按钮完成审批操作。

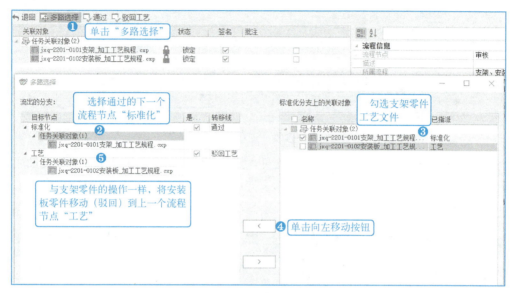

图 4-26 "多路选择"审批的操作流程

4.4.3 查看已发布的工艺文件

工艺设计完成,经过审核后,可以进行发布。案例的工艺审批流程(图 4-6)中,最终的批准节点设置了"通过_发布"事件,见表 4-2。支架零件经过工艺审批流程(审核→标准化→批准)后将自动发布,如图 4-27 所示,支架零件的状态已显示为"发布"。

发布状态表示产品下的工艺文件可以进入到下一环节,投入生产。处于发布状态的图纸,用户不能再修改。当用户需要对文档进行再次修改时,可以对文档进行取消发布操作。

发布的次数对应于工艺文件的版本号,具体说明参见项目 3 任务 3.4 的相关描述。

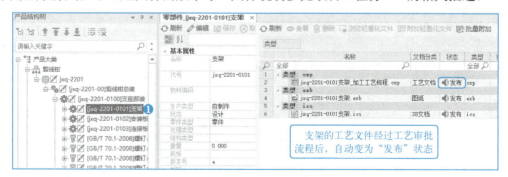

图 4-27 支架零件工艺文件的发布状态

4.4.4　工艺文件出库修改

工艺文件出库修改的一般过程，以工艺审批流程中驳回的安装板工艺规程进行描述。

案例安装板零件的工艺文件被驳回修改，批改意见如图 4-25 所示。案例以"工艺技术员 A"账号登录系统，出库修改的步骤为接收驳回的审批申请→查看安装板的红线批注意见→出库安装板的工艺文件→修改出库的工艺文件→入库→提交返回审批流程。

（1）接收驳回的审批申请

案例安装板零件的工艺文件被驳回，工艺技术员 A 登录系统后，首先接收被驳回的审批申请，操作流程如图 4-28 的步骤 1、2、3 所示。

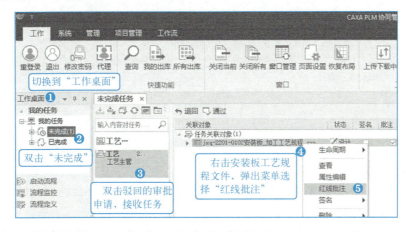

图 4-28　接收驳回的审批申请

（2）查看红线批注的反馈意见

如图 4-28 的步骤 4、5 所示，右击驳回的安装板工艺文件，在弹出菜单中选择"红线批注"，查阅被驳回的批注意见，如图 4-29 所示。

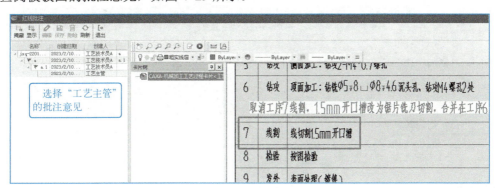

图 4-29　查看工艺文件的红线批注

（3）出库安装板的工艺文件

右击安装板的工艺文件出库，操作流程如图 4-30 所示。右击安装板的工艺文件→在弹出菜单中选择"生命周期"→选择"出库"→弹出出库配置对话框，选中安装板工艺文件→单击"确定"按钮，完成出库。

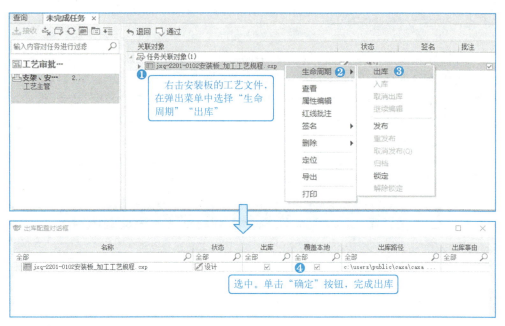

图 4-30　安装板的出库操作流程

（4）修改工艺文件

使用 CAXA CAPP 工艺图表软件打开安装板的工艺文件，按照批注意见修改工艺，保存文件，完成修改，如图 4-31 所示。

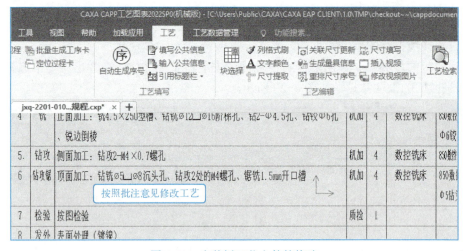

图 4-31　安装板工艺文件的修改

（5）入库

安装板零件的工艺文件按照批注意见修改保存之后，重新入库操作流程如图 4-32 所示。重新打开刷新"未完成任务"页面 →右击安装板工艺文件→在弹出菜单中选择"生命周期"→选择"入库"→弹出入库配置对话框，单击"确定"按钮。

（6）提交返回审批流程

在工作流程的未完成任务页面，单击"通过"，重新提交到审批流程，如图 4-33 所示。

工艺技术员 A 等流程的参与者可以通过"流程监控"查看流程的状态，如图 4-34 所示。

项目 4　产品工艺数据入库与审批发布

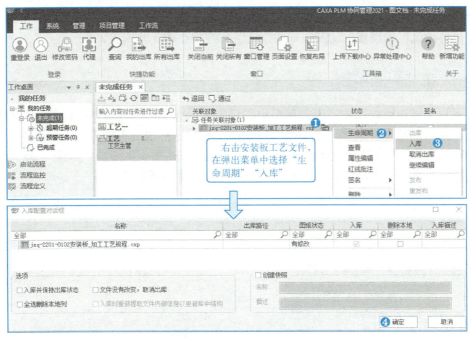

图 4-32　重新入库操作流程

图 4-33　提交返回安装板的审批流程

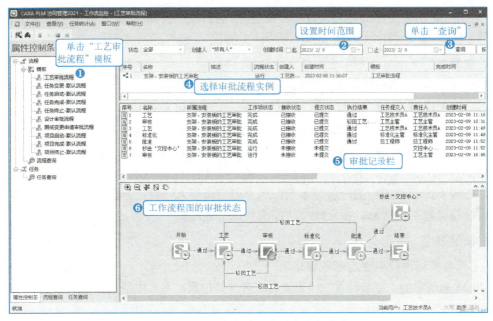

图 4-34　工艺审批流程的流程监控状态

重新提交审批的安装板工艺文件，通过后续审核、标准化、批准各个节点的审批后，安装板工艺文件将按流程的设置自动发布，并抄送给文控中心的工作人员。

4.4.5　工艺变更流程

工艺变更申请由现场的生产部门等提出后，需进行变更需求合理性的评估，决定是否进行工艺变更。如果确定进行变更，则工艺部门调整工艺后，再次进入到工艺审批流程。故可以通过在工艺审批流程前加入工艺变更的审批节点，构成工艺变更审批流程，如图 4-35 所示。工艺变更申请流程各个节点的操作如任务 4.3、任务 4.4，此处不再赘述。

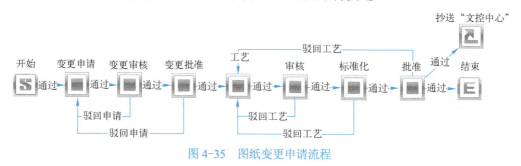

图 4-35　图纸变更申请流程

【习题】

一、判断题

1．工艺审批流程中，第一个节点的流程参与者一般指定为"流程启动者"，即发起流程的工艺人员。（　　）

2．对于工艺图表文档的签名设置中，在签名人列、签名时间列输入与工艺图表模板相同的属性名称。（　　）

二、选择题

1．【多选】工艺文件的规范化，可以直接体现为（　　）。
　　A．供应商与客户的统一　　　　B．工艺文件模板的统一
　　C．工艺术语与工艺知识的统一　　D．设计与制造的统一

2．批量入库工艺文件的依据是每个工艺图表文件都包含的零部件的（　　）信息。
　　A．序号　　　　B．名称　　　　C．类型　　　　D．代号

注：在现有产品结构中的产品节点上，用户可批量导入一批工艺图表文件，CAXA PLM 协同管理系统将提取工艺信息，根据代号与零部件进行匹配。

三、简答题

1．工艺数据标准化主要有哪些要求？

2．PLM 系统中的"签名设置"用于设置签名及其位置，签名模型主要包括哪些方面的内容？

项目 5　产品信息汇总报表

教学目标

知识目标：

1. 了解 PLM 系统中产品明细表、分类报表、图样目录明细表等各种报表的类型及用途；
2. 理解明细表模板的 Excel 文件格式要求；
3. 理解"相同的结果合并""选中件输出"等产品明细表模板的输出选项；
4. 理解产品明细表的表头信息及设置；
5. 理解输出报表区域位置、属性名称、位置等产品明细表的表区信息及设置；
6. 了解工艺报表的各种类型及其应用；
7. 理解工艺数据导入对 2D 图纸、工艺文件的数据格式属性项匹配要求；
8. 理解工艺报表的表头信息、内容信息等信息配置；
9. 理解工艺报表内容筛选的条件设置；
10. 理解工艺汇总流程的逻辑。

能力目标：

1. 能够设置 PLM 的产品明细表模板；
2. 能够使用自定义的产品明细表模板，导出要求的产品明细表；
3. 能够使用自定义的产品明细表模板，导出要求的分类报表；
4. 能够导入工艺数据；
5. 能够定义工艺报表模板；
6. 能够定义工艺汇总表报表的配置信息；
7. 能够使用自定义的工艺报表配置信息，导出工艺汇总表。

素养目标：

1. 具有良好的网络安全、数据安全意识，严格遵守网络法规法则；
2. 具有良好的合理选择报表形式的意识与敏感度；
3. 具有良好的报表制作逻辑思路；
4. 具有良好的网络协作精神；
5. 具有良好的报表版本意识以及良好的报表管理意识。

项目分析

在产品设计与制造的实际业务中，设计部门、工艺部门需要汇总统计各类数据，通过数字化赋能提升设计与制造的效率效果，提升客户体验满意度。设计部门需要汇总统计产品数据、流程数据、项目数据等；工艺部门需要汇总统计工时定额、材料定额、工装设备等工艺相关的数据。

项目通过剪线钳 jxq-2201 的产品明细报表、工艺汇总报表的模板配置与输出，展示产品数据汇总、工艺数据汇总的操作流程与方法。

任务 5.1 PLM 汇总报表

任务内容：认识 CAXA PLM 系统中各种产品/零部件报表形式，以产品零部件的明细表为例，自定义产品明细表模板，以此模板输出产品明细表和分类报表。

5.1.1 常见的产品报表及形式

CAXA PLM 系统支持多种形式的报表输出，如图 5-1 所示。

1）产品明细表：输出的报表内容是产品所有零部件的清单。

2）部件明细表：输出的报表内容是产品所有部件的清单，可设置是否输出部件下属的子部件与零件。

3）自制件明细表：输出的报表内容是产品所有自制件的清单。

4）外购件明细表：输出的报表内容是产品所有外购件的清单。

5）标准件明细表：输出的报表内容是产品所有标准件的清单。

图 5-1　常见的报表形式

6）外协件明细表：输出的报表内容是产品所有外协件的清单。

7）分类报表：输出的报表内容是符合筛选条件的零部件的清单。

8）图样目录明细表：输出的报表内容是产品所有图纸的清单。

9）分级报表：输出的报表内容是按照部件级别的清单，每个部件的清单输出在一个单独的 Excel 工作页中。

报表模板可以自定义，如表格样式、格式、内容等。CAXA PLM 系统内置基本的报表模板，而企业往往根据自身的实际需要自定义各种报表模板。

CAXA PLM 报表支持 Excel 或 XML 的模板形式，支持导出 Excel、XML 或 WPS Excel 的清单形式。

5.1.2 定义产品明细表模板

定义产品明细表模板

产品明细表模板的定义分为两步。

第 1 步，使用 Excel 设计模板格式，存放在指定目录。

（1）进入目录

进入到 CAXA PLM 系统的报表模板存放目录：C:\Users\Public\CAXA\CAXA EAP CLIENT\1.0 \Cfg\zh-CN\ GlobalCfg \PlatformCfg\ ComponentCfg \ Report\ template\xls。

（2）创建剪线钳产品明细表模板文件

新建一个 Excel 文件，命名为"产品明细汇总模板-剪线钳.xls"，可打开查看系统自带的模板文件，复制默认的模板文件，然后修改为所需的模板。操作流程如图 5-2 所示。

项目 5　产品信息汇总报表

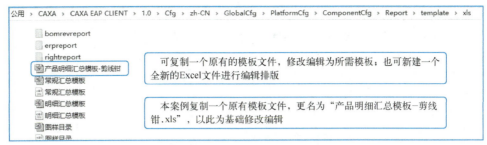

图 5-2　在报表模板目录新建明细表模板文件

(3) 设计剪线钳产品明细表模板的格式

打开"产品明细汇总模板-剪线钳.xls",页面设置为"A4,横放"→参考剪线钳 jxq-2201 的清单样式(表 2-2),设计产品明细汇总表模板如图 5-3 所示,预先在 Excel 中设置好表模板的表头格式、行高、列宽、字体、字号、图片等信息。

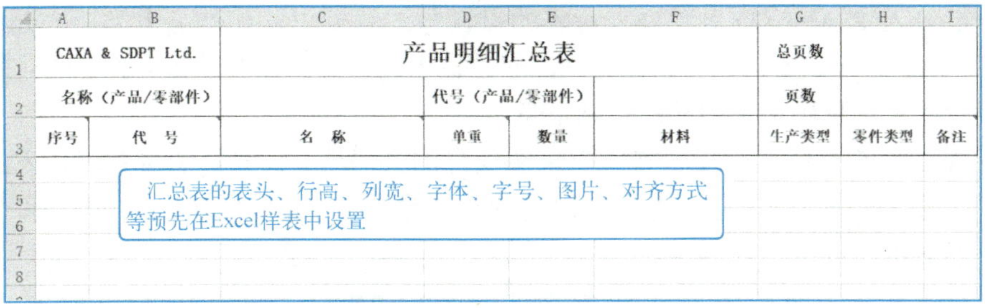

图 5-3　剪线钳的产品明细汇总表模板格式

第 2 步,在 PLM 系统完成报表模板的参数设置。

(1) 打开报表模板设计器,选择需设置的模板

操作流程如图 5-4 所示。进入 PLM 系统,选择"系统"菜单,单击"报表设计"选项,打开报表模板设计器→选择需设计的产品明细表模板"产品明细汇总模板-剪线钳.xls",单击"下一步"按钮。

图 5-4　打开报表模板设计器,选择需设置的模板

（2）选择明细表模板的汇总信息类别

操作流程如图 5-5 所示。选择"零部件"，单击"下一步"按钮。

图 5-5　选择明细表模板的汇总信息类别

说明：CAXA PLM 支持多种列表对象的设置与汇总输出，如产品大类、产品文件夹、产品、零部件、产品基类、文件夹等。作为产品明细输出的"零部件"是其中的一种列表对象。

（3）设置模板的页码信息与输出选项信息

操作流程如图 5-6 所示。按照图 5-3 表头信息的页码填写位置，总页数填入表的"H1"位置，页数填入表的"H2"位置→选中"相同的结果合并""选中件输出""借用件展开"复选框，单击"下一步"按钮。

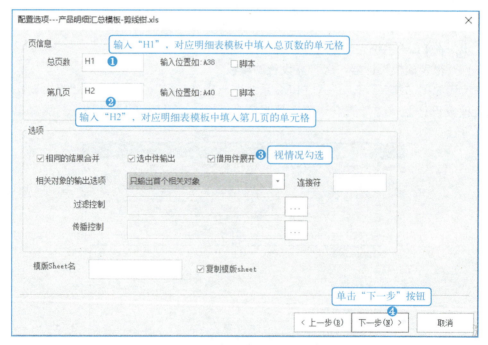

图 5-6　设置页码信息与输出选项信息

说明：

1)"相同的结果合并"，选择输出的零部件中，相同的零件合并输出，如某零件使用在不同的部件，输出时合并为一项输出，数量累加。

2)"选中件输出"，在 PLM 产品结构树中，右击某节点输出报表，选中则在报表中输出该节点，如不选中则报表中不输出该节点。

3)"借用件展开"，如果借用件是一个部件，含有下级零部件，选中该选项则报表将借用件下级的信息也输出。

4)"只输出首个相关对象"，相关对象指的是与零部件相关联的对象，如图纸、工艺文件等。如果零部件没有相关对象，则该零部件不输出；如果有相关对象，则输出该零部件，并且只输出第一个相关对象的属性。

5)"输出所有相关对象"，如果零部件没有相关对象，则该零部件不输出；如果有相关对象，则输出该零部件，并且输出相关对象的属性是将所有相关对象的属性用连接符连接。

6)"相关对象的输出选项和连接符"，连接符指的是如果有多个相关对象时，输出相关对象的属性时将各个相关对象的属性用连接符连接起来。

（4）设置表头信息

操作流程如图 5-7 所示。单击"增加"按钮，新增 4 行表头信息→选择类名"产品"，选择其属性名称"产品代号""名称"→选择类名"零部件"，选择其属性名称"代号""名称"→按照图 5-3 的模板样式，输入属性名称的填写位置→单击"下一步"按钮。

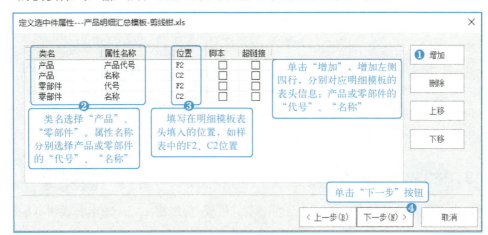

图 5-7 设置表头信息

说明："位置"项可共用，比如产品的产品代号与零部件的代号共用表格位置 F2。当右击 PLM 产品结构树的产品节点输出报表时，位置 F2 填入产品的产品代号；当右击 PLM 产品结构树的零部件节点输出报表时，位置 F2 填入零部件的代号。

（5）设置表区信息

操作流程如图 5-8 所示。单击"增加"按钮，新增 9 行表头信息→在"名称"列，手动输入对应图 5-3 的列名称，如序号、代号、名称等→选择类名为"零部件"→各选项的关系名为空，而"数量"属性项的关系名与角色名选择为装配关系→在"属性名称"列的下拉菜单，选择相应的属性名称→输入图 5-3 的列位置，以 0、1、2、3……排序→选以"代号"为排序项，选择"升序"的排序规则→单击"下一步"按钮，完成报表模板的定义。

说明：

1)"数量"，因同一零件可用在不同的零部件中，因此"数量"属性项具有装配属性，需设置其装配相关的关系名、角色名；而"代号""名称"等属性项是零部件的专属的属性项，因此关系名选择为空。

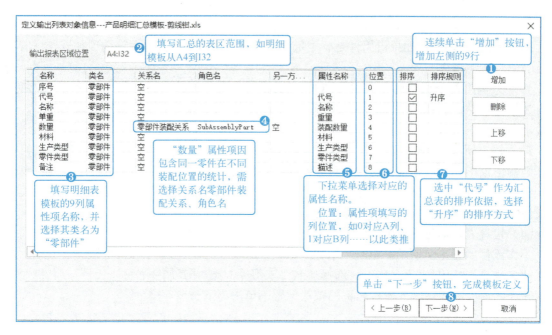

图 5-8 设置表区信息

2)"序号"的属性名称为空,不选择。零部件没有"序号"这一属性项,因此无须选择,系统将自动识别"序号"字段,从 1 开始按顺序输出数字。

3)"位置",指属性项对应填入的 Excel 模板的列,如"0"对应图 5-3 中的 A 列、"1"对应图 5-3 中的 B 列,以此类推。

5.1.3 输出产品明细表

输出产品明细表

使用自定义的产品明细表模板"产品明细汇总模板-剪线钳.xls",输出剪线钳 jxq-2201 的产品明细表。

1. 选择输出节点与输出格式

操作流程如图 5-9 所示。右击产品结构树的剪线钳总装节点,在弹出菜单中选择输出为"产品明细表"→选择报表类型为"使用 Excel 格式",单击"下一步"按钮。

说明:用户可以根据自身的汇总需求,选择产品结构树的任意节点,输出相应的产品明细表。

2. 选择明细表模板、设置明细表名称及存放路径

操作流程如图 5-10 所示。选中自定义的模板"产品明细汇总模板-剪线钳.xls",单击"下一步"按钮→修改生产数量为"1"→设置明细表名称及其存放路径→单击"完成"按钮。

说明:"生产数量"指输出的产品或零部件的生产数量,如生产数量设置为 3,则输出的所有零部件的数量都将乘以 3。

剪线钳 jxq-2201 总装的产品明细表的输出效果如图 5-11 所示。

项目 5　产品信息汇总报表

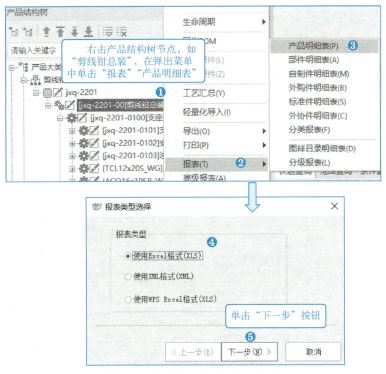

图 5-9　选择输出节点与输出格式

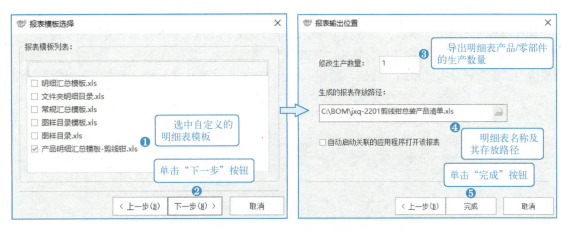

图 5-10　选择明细表模板、设置明细表名称及存放路径

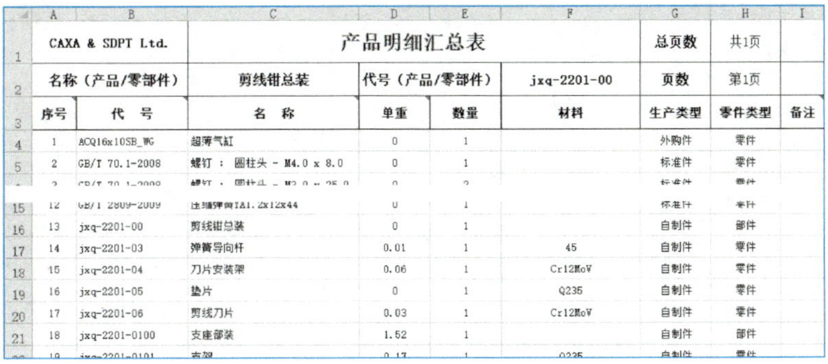

图 5-11　剪线钳 jxq-2201 总装的产品明细表输出效果

5.1.4 输出分类报表

使用自定义的产品明细表模板"产品明细汇总模板-剪线钳.xls",以筛选输出名称中含有"板"关键字的零部件为例,介绍分类报表的输出方法。

输出分类报表

1. 选择输出节点

操作流程如图 5-12 所示。右击产品结构树的剪线钳总装节点,在弹出菜单中选择输出为"分类报表"。

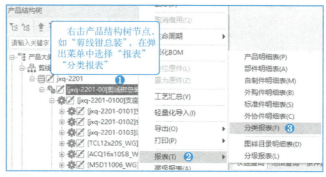

图 5-12　选择输出节点

2. 设置分类报表的筛选条件

操作流程如图 5-13 所示。在下拉菜单中选择"查找"项为"零部件"、"关系类"为"空"→"条件"栏中,在下拉菜单中选择目标为"零部件"、属性名为"零部件.名称"、操作符为"包含"、属性值为"板"→单击"添加"按钮,添加筛选条件到右侧"表达式"栏→单击"下一步"按钮。

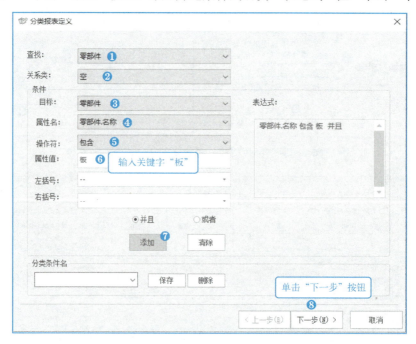

图 5-13　设置分类报表的筛选条件

3. 选择输出的报表类型

操作流程如图 5-14 所示。选择报表类型为"使用 Excel 格式",单击"下一步"按钮。

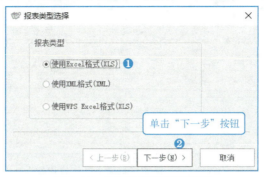

图 5-14 选择输出的报表类型

4. 选择明细表模板、设置明细表名称及存放路径

操作流程如图 5-15 所示。选中自定义的明细表模板"产品明细汇总模板-剪线钳.xls",单击"下一步"按钮→填入生产数量为"1"→设置明细表名称及存放路径→单击"完成"按钮。

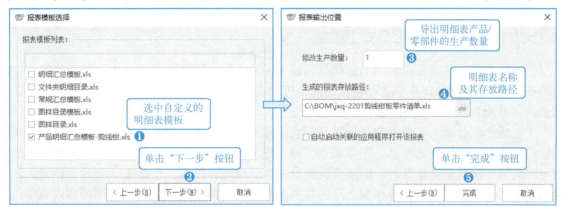

图 5-15 选择明细表模板、设置明细表名称及存放路径

以筛选输出名称中含有"板"关键字的零部件为例,剪线钳 jxq-2201 总装的分类报表的输出效果如图 5-16 所示。

CAXA & SDPT Ltd.		产品明细汇总表				总页数	共1页	
名称(产品/零部件)	剪线钳总装	代号(产品/零部件)			jxq-2201-00	页数	第1页	
序号	代 号	名 称	单重	数量	材料	生产类型	零件类型	备注
1	jxq-2201-0102	安装板	0.27	1	Q235	自制件	零件	
2	jxq-2201-0103	连接板	0.07	1	Q235	自制件	零件	

图 5-16 含"板"关键字的分类报表输出效果

任务 5.2　工艺汇总表汇总工艺数据

任务内容:①在"工艺汇总表数据库定制"匹配工艺数据导入的属性项,在"CAXA CAPP 工艺图表-工艺汇总表"导入剪线钳 jxq-2201 的工艺文件数据;②自定义图 5-17 的 Excel 工艺流程模板，在"工艺汇总表数据库定制"配置图 5-17 工艺流程汇总报表的信息；③在"CAXA CAPP 工艺图表-工艺汇总表"使用图 5-17 所示的模板输出剪线钳 jxq-2201 的工艺过程汇总报表。

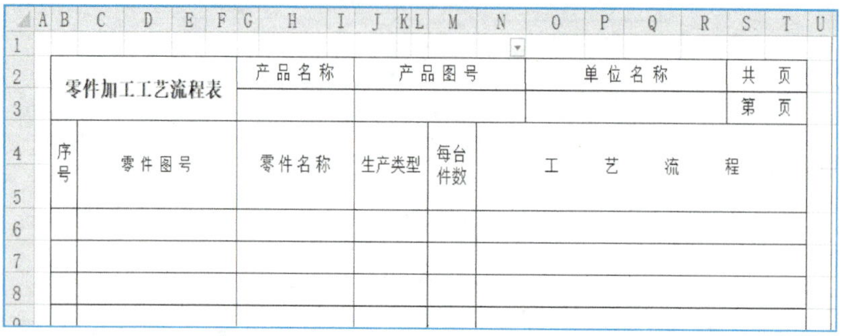

图 5-17 示例的自定义工艺流程模板

说明：①"CAXA CAPP 工艺图表-工艺汇总表"是一款单独的数据库工艺管理软件，不同于前述任务所使用的 CAXA PLM 图文档管理软件。②"工艺汇总表数据库定制"用于定制数据库中工艺图表的模板等配置。③工时定额汇总、设备汇总等其他形式报表的汇总输出，操作流程一致，可参考工艺流程汇总表的操作思路与方法。

5.2.1 工艺汇总表汇总数据流程

CAXA CAPP 工艺汇总表的汇总信息包括 CAD 中的基础数据和 CAPP 的基本信息。CAD 中的基础数据包括 CAD 图纸的标题栏信息、明细表信息，CAPP 的基本信息包括工艺规程、工艺卡片，以及其他卡片中的信息。

工艺数据汇总的工艺报表包括标准件汇总、零件分类汇总、产品零件工艺路线汇总、工时定额汇总、工时定额明细汇总、工序成本汇总、设备成本汇总等多种报表形式。各种报表的定制方法类似，都包括新建报表、定制报表的表头信息和内容信息、设置 Excel 输出格式、汇总输出等基本步骤；而仅是各种报表选择的模板类型不同、配置的表头信息查询项和内容信息属性列不同。

汇总工艺数据报表的基本流程如下。

1）导入工艺数据：匹配工艺数据导入的属性项→依次导入总装与部装图纸、零件图纸、工艺文件的信息。

2）定义工艺汇总表配置信息：创建报表→配置报表的表头信息、配置报表的表区信息、配置汇总预览的筛选条件→预览工艺汇总信息。

3）输出工艺汇总表：设计 Excel 文件模板，放置于模板目录→设置 Excel 汇总输出格式→输出格式为 Excel 的报表。

5.2.2 导入工艺数据

工艺数据导入分以下两步：①在"工艺汇总表数据库定制"匹配工艺数据导入的属性项，分别对应所导入图纸的标题栏与明细表属性项，以及所导入工艺规程卡的公共信息属性项；②在"CAXA CAPP 工艺图表-工艺汇总表"导入剪线钳 jxq-2201 的工艺文件数据，依次导入总装与部装图纸、零件图纸、工艺文件。

1. 匹配工艺数据导入的属性项

运行"工艺汇总表数据库定制" 程序,界面如图 5-18 所示。对照图 5-17 的表头与表区信息,以匹配图纸标题栏信息(图纸编号、图纸名称、单位名称)以及匹配图纸明细表信息(零件图号、零件名称、生产类型)为例,讲解匹配工艺数据导入属性项的操作方法。

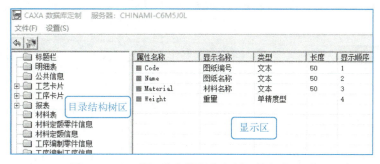

图 5-18 "工艺汇总表数据库定制"的程序界面

(1)匹配图纸标题栏信息

操作 1:如图 5-19 所示。使用"CAXA CAPP 工艺图表"软件打开剪线钳 jxq-2201 的装配图、零件图→双击标题栏,弹出标题栏填写窗口→对照图 5-18 标题栏目录中已存在的属性项,图纸名称、图纸编号已有对应属性项,则仅需添加"单位名称"属性项即可。

说明:为了顺利提取 CAD 和 CAPP 中的信息,CAXA CAPP 工艺汇总表的基本信息应该和 CAD 图纸标题栏、明细表或工艺卡片的信息相一致,这样工艺汇总表就能够识别 CAD 和 CAPP 数据并提取出来。

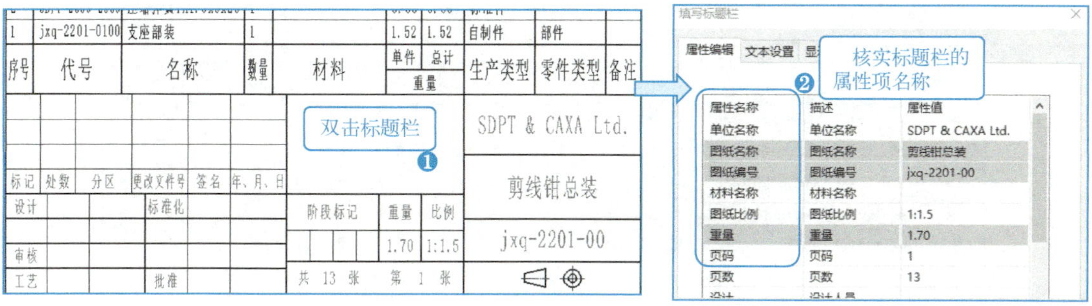

图 5-19 核对标题栏的属性项名称

操作 2:如图 5-20 所示,以添加"单位名称"属性项为例。运行打开"工艺汇总表数据库定制"程序→右击"标题栏",选择"新建属性",弹出对话框→填入"单位名称"的各项信息,单击"确定"按钮。

说明:"长度"为预览时该属性项名称所在单元格的宽度;"显示顺序"为预览时该属性项名称出现在预览表中的列数。

(2)匹配装配图纸明细表信息

操作 1:如图 5-21 所示。使用"CAXA CAPP 工艺图表"软件或"CAXA 3D 实体设计"软件打开剪线钳 jxq-2201 的总装配图→双击明细表,弹出填写明细表窗口→对照图 5-18 标题栏,代号、名称等已有对应属性项,则仅需添加"生产类型""单件"属性项即可。

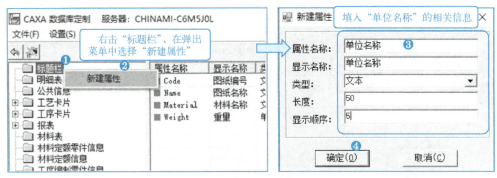

图 5-20　匹配标题栏属性项的操作流程

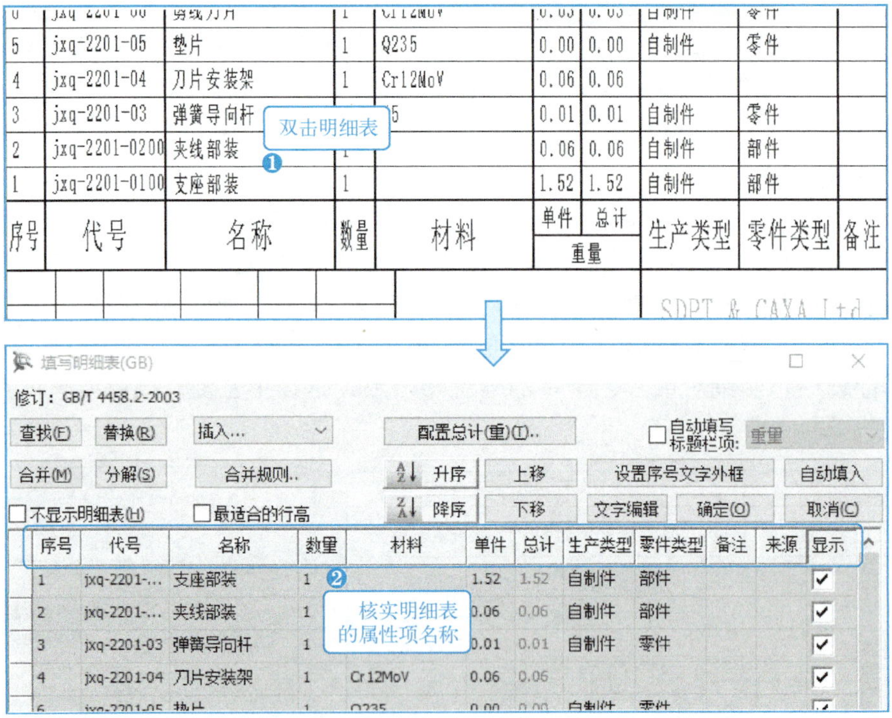

图 5-21　核对明细表的属性项名称

操作 2：如图 5-22 所示，以添加"生产类型"属性项为例。运行打开"工艺汇总表数据库定制"程序→右击"明细表"，单击"新建属性"，弹出对话框→填入"生产类型"的各项信息，单击"确定"按钮。

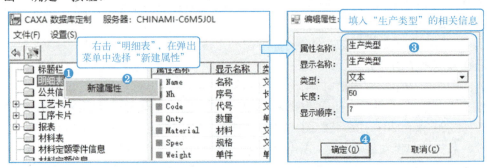

图 5-22　匹配明细表属性项的操作流程

项目 5　产品信息汇总报表

（3）匹配工艺规程卡片的公共信息

公共信息指工艺规程卡片中所设置的公共信息，配置方法同标题栏的操作。软件默认的公共信息名称已包含剪线钳工艺规程中的公共信息属性名称，如产品名称、产品型号、零件名称、零件图号，因此不需要再次配置。

公共信息在"CAXA CAPP 工艺图表"软件中定制工艺卡片模板的过程中设置。如图 5-23 所示，设置了剪线钳工艺卡片模板的公共信息有产品名称、产品型号、零件名称、零件图号。

图 5-23　"CAXA CAPP 工艺图表"工艺规程模板的公共信息设置

2. 导入工艺数据

工艺汇总表可以导入 CAD 文件和工艺图表文件中的设计信息和工艺信息，形成面向产品结构的工艺信息汇总资料，数据的导入操作分两步：①导入总装图，指产品的 2D 总装图；②导入工艺数据，指产品的 2D 部装图、2D 零件图、工艺规程、工艺卡片等文件。

运行"CAXA CAPP 工艺图表-工艺汇总表"程序，界面如图 5-24 所示。

图 5-24　"CAXA CAPP 工艺图表-工艺汇总表"的程序界面

（1）导入总装图、部装图信息，同时建立产品结构树

首先导入剪线钳 jxq-2201 的总装图的信息，再导入各个部装图的信息。

操作 1：如图 5-25 所示，导入剪线钳的总装图。右击"产品列表"，选择"导入总装图"→弹出选择对话框，浏览窗口选择剪线钳总装图，单击"打开"按钮。导入结果如图 5-26 所示。

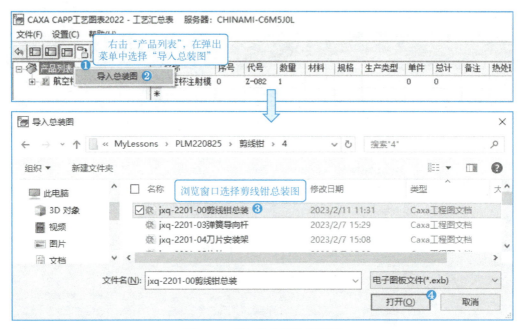

图 5-25　导入剪线钳的总装图

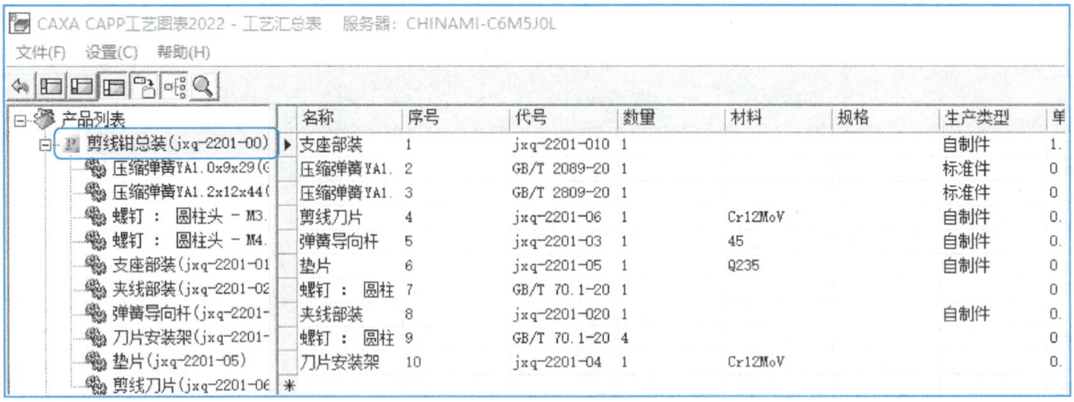

图 5-26　剪线钳总装图的导入结果

操作 2：如图 5-27 所示，导入数据（剪线钳的部装图）。右击"剪线钳总装"节点，选择"导入数据"→弹出选择对话框，浏览窗口选择"支座部装""夹线部装"，单击"打开"按钮。导入结果如图 5-28 所示。

说明：导入总装图、部装图的步骤，仅在产品列表中建立了图 5-28 左侧的结构树以及导入了总装图与部装图的信息，尚未导入各个零件节点的属性信息。可以通过导入零件的 CAD 图纸标题栏信息读取，操作方法与导入剪线钳部装图方法一致。

项目 5　产品信息汇总报表

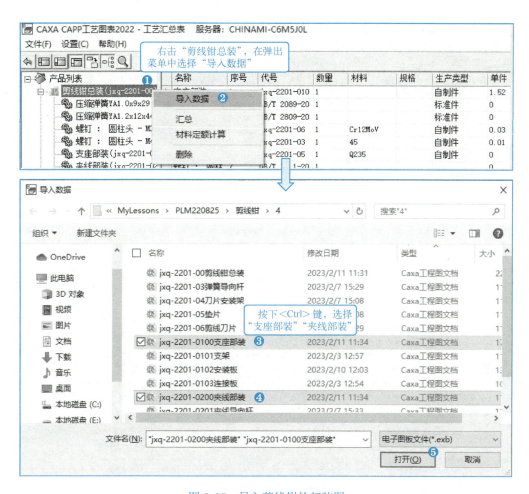

图 5-27　导入剪线钳的部装图

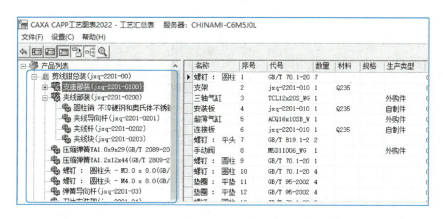

图 5-28　剪线钳部装图的导入结果

(2) 导入工艺文件信息

操作流程如图 5-29 所示，导入剪线钳的工艺文件。右击"剪线钳总装"节点，选择"导入数据"→弹出选择对话框，浏览窗口选择所有零件的工艺规程文件，单击"打开"。以点选夹线导向杆工艺过程卡片为例，导入结果如图 5-30 所示。

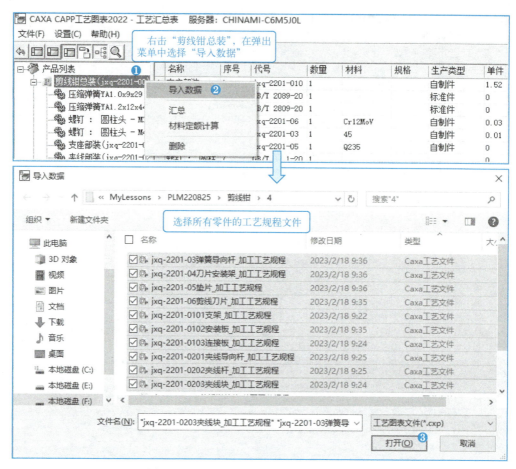

图 5-29　导入剪线钳各零件的工艺规程文件

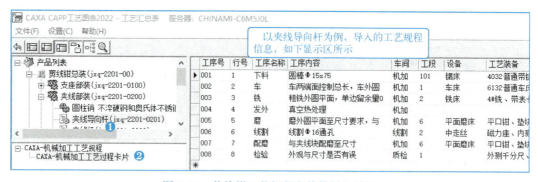

图 5-30　剪线钳工艺规程文件的导入结果

5.2.3　定义工艺汇总表报表配置信息

工艺数据导入后，为了方便预览工艺汇总信息，通过配置信息制定预览的格式。

定义预览配置信息有以下两方面内容：①在"工艺汇总表数据库定制"软件，创建报表、配置报表的表头信息、配置报表的表区信息、配置预览的筛选条件与排序方式；②在"CAXA CAPP 工艺图表-工艺汇总表"软件，预览工艺汇总信息。

1. 创建报表

在"工艺汇总表数据库定制"软件，创建报表。操作流程如图 5-31 所示。右击"报表"节点，选择"新建报表"→弹出选择对话框，选择报表类型，输入报表名称，单击"确定"按钮。

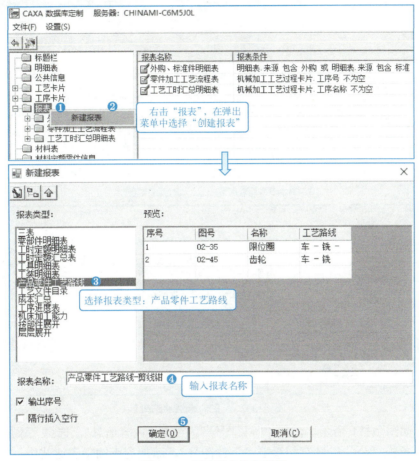

图 5-31　创建报表操作流程

2. 配置表头信息

在"工艺汇总表数据库定制"软件，配置报表的表头信息。对照图 5-17 模板，在"产品零件工艺路线-剪线钳"报表的表头增加属性项信息"产品名称""产品图号""单位名称"。以添加"产品图号"为例，介绍操作方法。

操作流程如图 5-32 所示。右击"表头信息"，选择"添加查询项"，弹出添加对话框→单击"标题栏"→双击"图纸编号"，添加到查询项表达式中→输入"产品图号"作为"图纸编号"的查询项名称→显示顺序输入 2，即产品图号在表头的第 2 列显示→输入显示宽度，即列的宽度，单击"确定"按钮。表头信息添加结果如图 5-33 所示。

说明：属性名称与查询项名称可不相同，注意理解图 5-32 中属性名称与查询项名称的对应设置。属性名称对应数据库中的属性字段，查询项名称对应图 5-17 中模板单元格名称。

3. 配置内容信息

在"工艺汇总表数据库定制"软件，配置报表的内容信息（表区信息）。对照图 5-17 模板，在"产品零件工艺路线-剪线钳"报表的表区增加属性项信息"零件图号""零件名称""生产类型""每台件数""工艺流程"。以"零件图号""工艺流程"为例,介绍操作方法。

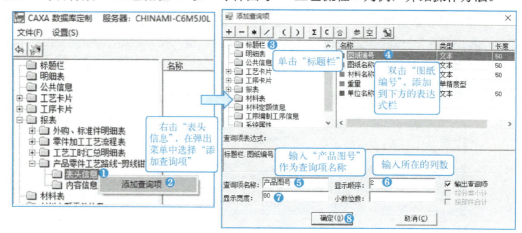

图 5-32 添加表头信息的操作流程

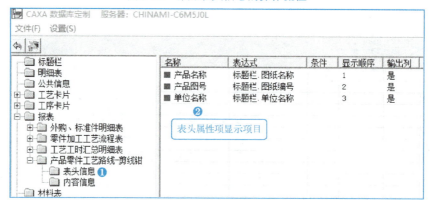

图 5-33 表头信息添加结果

操作 1:如图 5-34 所示,添加"零件图号"。右击"内容信息",选择"添加列",弹出添加列对话框→单击"公共信息"→双击"零件图号",添加到查询项表达式中→输入"零件图号"作为"零件图号"的查询项列名称→显示顺序输入 1,即"零件图号"在表区的第 1 列显示→输入显示宽度,即列的宽度,单击"确定"按钮。

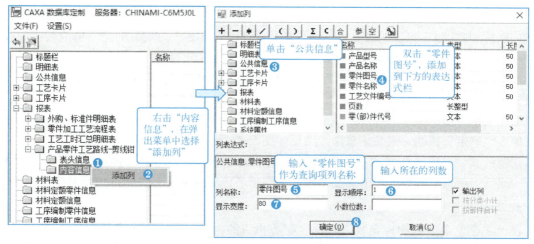

图 5-34 添加"零件图号"的操作流程

说明:
1)"零件图号""零件名称"选自"公共信息"的属性项,如图 5-34 所示。
2)"生产类型"选自"明细表"的属性项。"生产类型"属性项,已在匹配明细表步骤中(图 5-22)添加。
3)"每台件数""工艺流程"来自工艺卡片的属性项。

操作 2:如图 5-35 所示,添加"工艺流程"。右击"内容信息",选择"添加列",弹出添加对话框→单击"工序信息"→双击"工序号",添加到查询项表达式中→单击"+"符号,添加查询条件→双击"工序名称",叠加添加到查询项表达式中→输入"工艺流程"作为查询项列名称→显示顺序输入 5,即"工艺流程"在表区的第 5 列显示→输入显示宽度,即列的宽度,单击"确定"按钮。内容信息配置结果如图 5-36 所示。

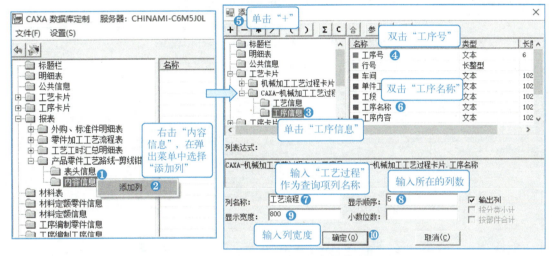

图 5-35 添加"工艺流程"的操作流程

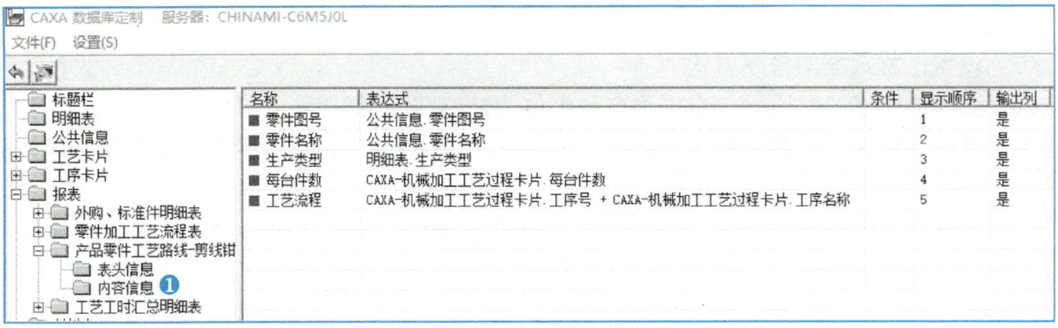

图 5-36 内容信息配置结果

4. 配置预览的筛选条件与排序方式

在"工艺汇总表数据库定制"软件,配置预览的筛选条件、设置汇总数据的排序方式。

(1)配置预览的筛选条件

汇总工艺信息时,当需要筛选部分所需的信息汇总输出时,可配置预览的筛选条件。以"工序号不为空"作为筛选条件为例,介绍操作方法。

操作流程如图 5-37、图 5-38 所示,配置预览的筛选条件。右击"产品零件工艺路线-剪线钳",选择"编辑报表",弹出编辑对话框→单击"产品零件工艺路线"→单击配置按钮→在弹出对话框中选择属性名称"工序号"→设置运算符为"不为空"→单击"确定"按钮。

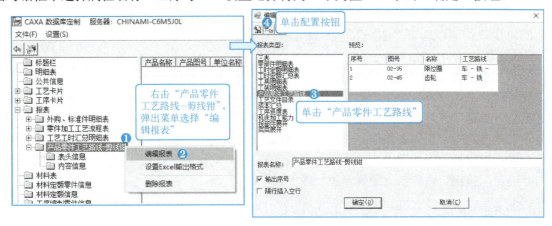

图 5-37 配置预览的筛选条件的操作流程 1

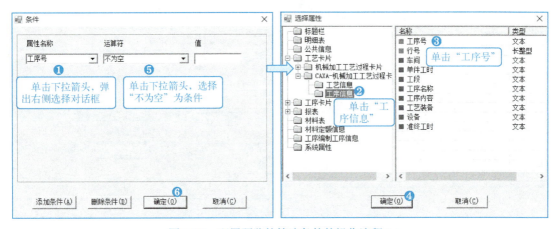

图 5-38 配置预览的筛选条件的操作流程 2

(2) 设置汇总数据的排序方式

操作流程如图 5-39 所示。右击"产品零件工艺路线-剪线钳",选择"编辑报表",弹出编辑报表对话框→单击"产品零件工艺路线"→单击排序按钮→选中"零件图号"为排序依据,排序方式为升序→单击"确定"按钮。

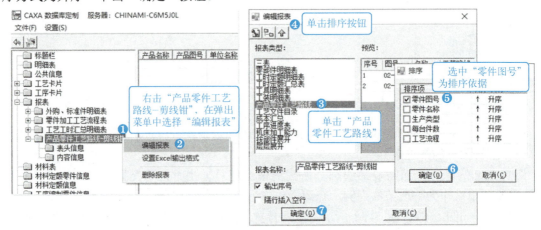

图 5-39 设置剪线钳工艺路线的排序方式

5. 预览工艺汇总信息

在"CAXA CAPP 工艺图表-工艺汇总表"软件，预览剪线钳 jxq-2201 的工艺汇总信息。

操作流程如图 5-40 所示。右击"剪线钳总装"，在弹出菜单中选择"汇总"，弹出汇总操作界面→右击报表的"产品零件工艺路线-剪线钳"报表模板，在弹出菜单中选择"汇总报表"，获得剪线钳工艺过程的汇总信息。剪线钳工艺流程的汇总结果如图 5-41 所示。

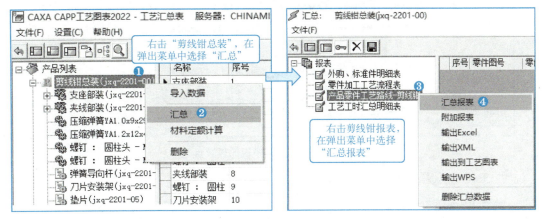

图 5-40　工艺汇总的操作流程

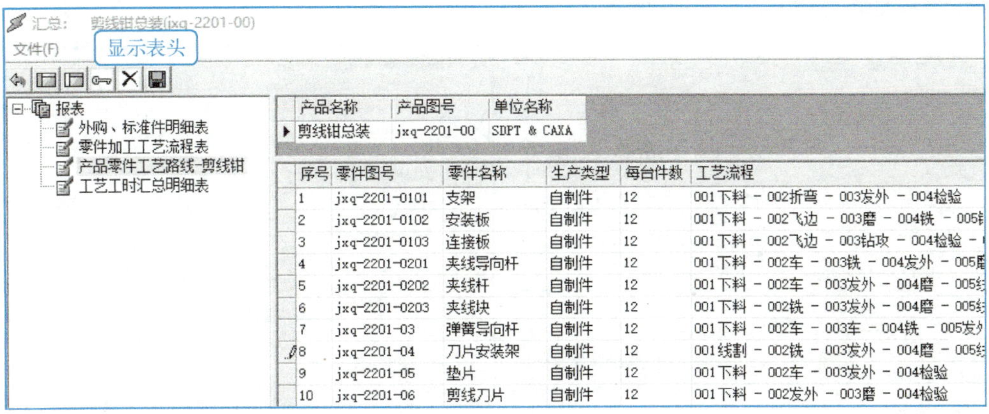

图 5-41　剪线钳工艺流程的汇总结果

5.2.4　输出工艺汇总表

工艺汇总表 Excel 报表输出步骤分三步：①设计 Excel 文件模板，放置于模板目录；②在"工艺汇总表数据库定制"软件，设置 Excel 输出格式；③在"CAXA CAPP 工艺图表-工艺汇总表"软件，汇总报表后，输出为 Excel 文件。

1. 设计 Excel 文件模板，放置于模板目录

设计剪线钳的工艺流程汇总 Excel 模板文件，如图 5-17 所示，放置于"CAXA CAPP 工艺图表-工艺汇总表"软件安装目录下的模板目录"...\CAXACAPP2022SP0\CAXASum \Template"，如图 5-42 所示。

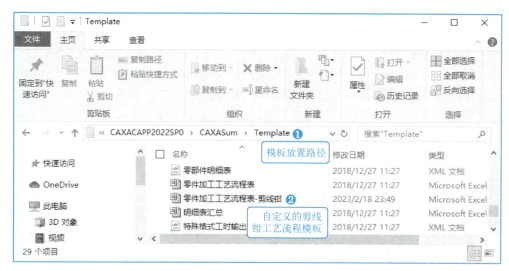

图 5-42　工艺流程模板的放置目录

说明：Excel 模板文件只能为单 Sheet 页。

2. 设置 Excel 输出格式

在"工艺汇总表数据库定制"软件中，设置剪线钳工艺流程 Excel 汇总表的文件输出格式。操作流程如图 5-43、图 5-44 所示。

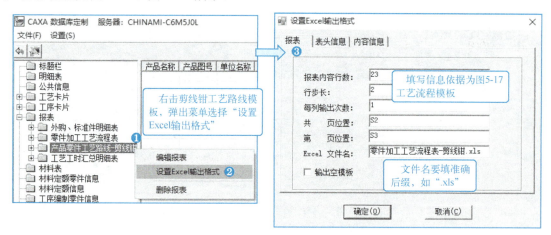

图 5-43　弹出 Excel 输出格式对话框、报表页设置

说明：

1）报表内容行数如图 5-17 所示，报表内容从第 6 行开始输出，输出到第 28 行，则行数为 23 行。

2）行步长指每条数据占的行数，如行步长为 2，表示每条数据占两行，获得隔行输出的效果。

3）报表内容中同样名称的列有 1 列，则每列输出次数为 1；如同样名称的列有 2 列，则每列输出次数为 2，以此类推。

4）"共　　页"在 Excel 模板中的单元格位置，如图 5-17 所示，"共　　页"的单位格位置为 S2。对于合并的单元格，填其中的一个，一般填第 1 格。如"共　　页"占 S、T 两列，位置填写 S 列。

5)"第　页"在 Excel 模板中的单元格位置,如图 5-17 所示,"共　页"的单位格位置为 S3。

6) Excel 文件名是填入工艺模板的文件名称,注意名称需要带准确的文件后缀,如".xls"。

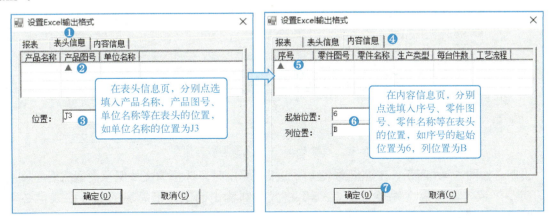

图 5-44　表头信息、内容信息设置

说明:

1) 表头信息填写,比如依照图 5-17,产品名称位置为 G3,产品图号位置为 J3,单位名称位置为 O3。

2) 内容信息填写,比如依照图 5-17,序号的起始位置为第 6 行,列位置为 B;零件图号的起始位置为第 6 行,列位置为 C;零件名称的起始位置为第 6 行,列位置为 G;生产类型的起始位置为第 6 行,列位置为 J 等。

3. 输出 Excel 工艺流程汇总文件

在"CAXA CAPP 工艺图表-工艺汇总表"软件,输出剪线钳 jxq-2201 的工艺流程 Excel 汇总报表。

操作流程如图 5-45、图 5-46 所示。右击"剪线钳总装",在弹出菜单中选择"汇总"→在汇总对话框,右击"产品零件工艺路线-剪线钳"报表,在弹出菜单中选择"输出 Excel"→保存文件。

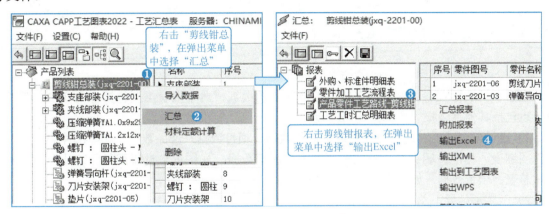

图 5-45　输出 Excel 文件的操作流程

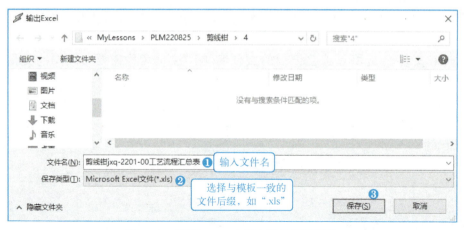

图 5-46　设置 Excel 文件名及后缀并保存

说明：如图 5-46 所示，工艺汇总表 Excel 报表输出时，选择的文件保存类型需要与模板文件的类型一致。即模板文件类型是".xls"格式，则输出的工艺汇总表的文件格式也必须是".xls"。

"剪线钳 jxq-2201"的工艺流程汇总报表输出结果如图 5-47 所示。

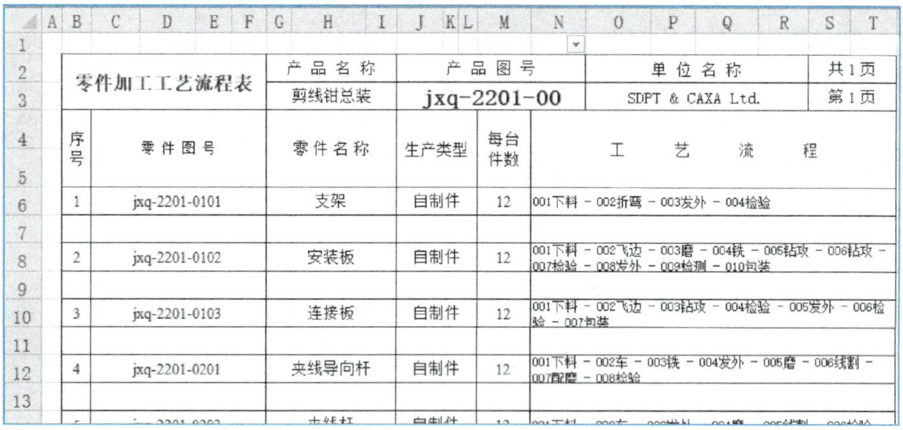

零件加工工艺流程表		产品名称		产品图号	单位名称	共1页
		剪线钳总装		jxq-2201-00	SDPT & CAXA Ltd.	第1页
序号	零件图号	零件名称	生产类型	每台件数	工艺流程	
1	jxq-2201-0101	支架	自制件	12	001下料 - 002折弯 - 003发外 - 004检验	
2	jxq-2201-0102	安装板	自制件	12	001下料 - 002飞边 - 003磨 - 004铣 - 005钻攻 - 006钻攻 - 007检验 - 008发外 - 009检测 - 010包装	
3	jxq-2201-0103	连接板	自制件	12	001下料 - 002飞边 - 003钻攻 - 004检验 - 005发外 - 006检验 - 007包装	
4	jxq-2201-0201	夹线导向杆	自制件	12	001下料 - 002车 - 003铣 - 004发外 - 005磨 - 006线割 - 007配磨 - 008检验	

图 5-47　"剪线钳 jxq-2201"的工艺流程汇总报表输出结果

5.2.5　汇总报表的作用

1. 汇总报表的类型

在企业的实际业务中，有很多需要汇总统计的数据，典型报表类型包括各类 PLM 基础报表，也包括其他高级报表，如图 5-48 所示。

1）设计部门要汇总统计产品数据、流程数据、项目数据。产品数据，如零部件明细表、自制件明细表、标准件明细表、外购件明细表；流程数据，如图纸审批流程任务统计表、任务信息汇总表；项目数据，如项目信息汇总表等。

2）工艺部门要汇总统计工艺相关的数据。工时类数据，如工时定额明细表、工时定额汇总表；材料类数据，如材料定额明细表、材料定额汇总表；工装类数据，如工装明细表、工装汇总表等。

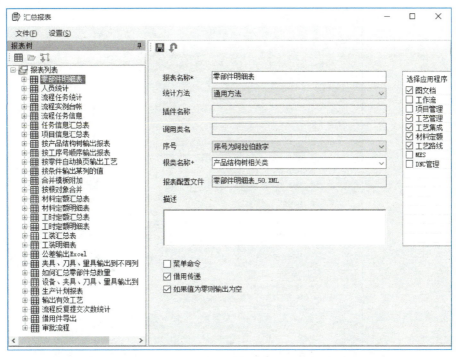

图 5-48　典型的高级报表类型（PLM 的汇总报表模块）

通过汇总报表的统计结果，将统计结果输出成 Excel 的示例，如图 5-49、图 5-50 所示。

序号	零件图号	零件名称	重量	装配数量
1	TCL12x20S_WG	三轴气缸		1
2	ACQ16x10SB_WG	超薄气缸		1
3	M5D11006_WG	手动阀		1
4	GB/T 2089-2009	压缩弹簧YA1....		1
5	GB/T 2089-2009	压缩弹簧YA1....		1
6	jxq-2201-00	剪线钳总装		1
7	jxq-2201-0200	刀剪部装		1
8	jxq-2201-0100	支座部装		1
9	jxq-2201-020500	夹线部装		1
10	jxq-2201-020501	夹线导向杆		1
11	jxq-2201-020503	夹线块		1
12	jxq-2201-020502	夹线杆		1
13	jxq-2201-020504	夹线销		1
14	jxq-2201-0103	连接板		1
15	jxq-2201-0101	支架		1
16	jxq-2201-0102	安装板		1
17		螺钉：圆柱头...		4
18		螺钉：圆柱头...		1
19		螺钉：圆柱头...		1
20		零件71		1
21		垫圈：平垫圈...		4
22		螺钉：平头-M...		2
23		垫圈：平垫圈...		4
24		螺钉：圆柱头...		2
25		螺钉：圆柱头...		4
26		螺钉：圆柱头...		7

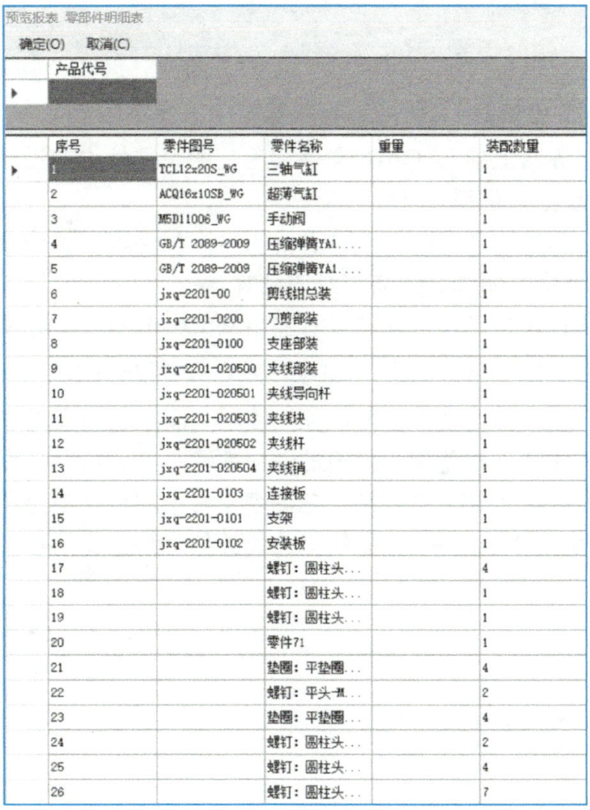

图 5-49　汇总报表统计结果

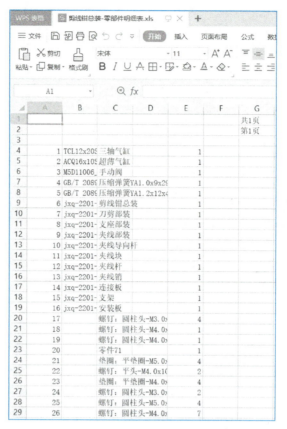

图 5-50　汇总报表 Excel 表格文件

2. "CAXA CAPP 工艺图表-工艺汇总表"软件的主要作用

1）可以从本地和服务器上导入 CAD 文件和工艺图表文件中的设计信息和工艺信息，形成面向产品结构的工艺信息汇总资料。

2）企业可以根据自己的需要定制、汇总表格的内容和要求，如按分厂、按产品汇总材料消耗、工时定额、外购件外协件明细、工装刀具明细等。

3）根据汇总出的各种表格，提供存储或者输出到 Excel、WPS 格式。

3. "CAXA PLM 图文档-汇总报表"与"CAXA CAPP 工艺图表-工艺汇总表"的主要区别

1）工艺汇总表是一款单独的软件，可以独立使用，而汇总报表是 PLM 系统的一个功能模块，必须基于 PLM 系统的图文档使用，报表的数据来源是 PLM 系统。

2）工艺汇总表只能汇总 CAD 文件和工艺图表文件中的设计信息和工艺信息，不能汇总其他信息，而汇总报表不仅能够汇总 PLM 系统里的设计信息和工艺信息，还能汇总流程、项目等几乎所有的信息。

【习题】

一、判断题

1. 产品明细表输出时，报表中各个零部件数量等于其在产品中的数量乘以生产数量。（　　）

2. CAPP 工艺汇总表通过零部件的工艺规程建立工艺节点的结构树。（   ）

二、选择题

1. 在产品制造的实际业务中，工艺部门需要汇总统计各类数据，如（   ）等工艺相关的数据。

  A．工时定额 B．材料定额 C．产品数据 D．工装设备

2. 工艺汇总报表的配置在（   ）模块软件中定制。

  A．CAXA CAPP 工艺图表   B．工艺汇总表数据库定制

  C．CAXA 电子图板   D．CAXA CAPP 工艺图表-工艺汇总表

三、简答题

1. CAXA PLM 系统支持哪些常见的报表形式？
2. 简述 CAXA PLM 系统中设置报表模板参数的步骤内容。

项目 6　数据重发布与归档

 **教学目标**

知识目标：

1. 了解数据版本与版次的概念；
2. 理解重发布的作用与使用场合；
3. 了解不同的 BOM 类型及其关联和区别；
4. 理解固化 BOM 的作用；
5. 了解数据归档涉及的文件导出批量、打印文件与 PLM 数据归档要求。

能力目标：

1. 能够对已发布数据取消发布状态并重新发布；
2. 能够根据需要的版本固化 BOM 并进行不同版本 BOM 的比较；
3. 能够使用打印工具打印图纸、工艺文件等；
4. 能够对 PLM 中已发布数据进行归档。

素养目标：

1. 具有良好的数据版本及管理意识；
2. 具有规范的数据管理操作习惯；
3. 具有良好的网络协作精神。

项目分析

在产品设计周期中，数据的状态是不断被修改变化的，在不同的里程碑节点会发布不同版本的数据，已发布的数据状态被冻结，可使所有人员都能以统一状态的数据开展工作。例如，某车企在供应商定点前会发布版本号为 S0 的一版数据，用于将数据发送给潜在供应商，确定供应商厂家、方案及报价。供应商定点后随着产品设计的不断细化调整，在模具开模前会发布版本号为 S1 的一版数据，作为开模的依据。在后续的试制试验阶段数据仍将不断修改，直至量产前将发布冻结版本号为 A 的一版数据，量产数据作为重要的设计资产被归档管理。在这一过程中就会涉及数据发布、重发布、BOM 的固化以及数据归档等操作。下面通过"剪线钳 jxq-2201"为例，对这些操作流程与方法进行说明。

任务 6.1　图纸与工艺重发布

6.1.1　数据重发布与数据版本

数据重发布是指在 PLM 中对已发布过的产品、零部件的图纸文档等取消发布状态。比如，对产品下的图纸执行重发布操作后，系统把产品下零部件对应的图纸的状态从"发布"改变为"设计"，用户可以对图纸进行修改。重发布后，产品下所有图纸文档的版本发生改变，从原来

项目 6　数据重发布与归档

的一个版本升级为另外一个新的版本。服务器中保存的文档是有版本区别的，用户可以在客户端属性区的工作版本选项看到相应文档的版本记录。系统会记录每次修改发布以及最后归档的各个版本。用户可以根据需要查看任何一个版本。

CAXA PLM 工作版本的编码有两部分，前面英文字母代表版本，后面的数字代表版次，版本号规则定义如下：

新建文件版本为 a.1；每出库一次，后缀数字加 1，格式为 a.2, a.3, ……；发布时版本不变，但在备注中注明是发布版本；重发布时大版本按字母表顺序顺推，如 a 变为 b，代表版次的数字不变；后续版本以 b.1, b.2, ……, c, d, e, ……类推。

在修改完成后，用户可在产品上进行发布操作，完成产品的设计。发布和重发布可以交替使用，对图纸进行多次修改。通常在企业中，产品在整个生命周期管理中会经过很多数据流转和流程审批，有多种场景会使用到重发布功能，例如，由于轻量化设计、产品优化设计等原因导致的设计数据微调和工艺场景修改，修改设计及工艺数据后进行重新发布。

6.1.2　已发布数据重发布

设计部门将设计好的产品剪线钳在 PLM 中提交了审批流程并做了发布。但上级主管再次查阅数据时发现了产品的缺陷，需要重新修改、调整图纸。设计部门需要通过重发布功能，将产品状态由"发布"变更为"设计"，修改调整图纸后再将有效版本提交审批。

图纸与工艺重发布

在产品结构树中找到需要进行重发布的产品剪线钳并选中，在基本属性框任意位置右击打开快捷菜单，选择"重发布"，如图 6-1 所示。

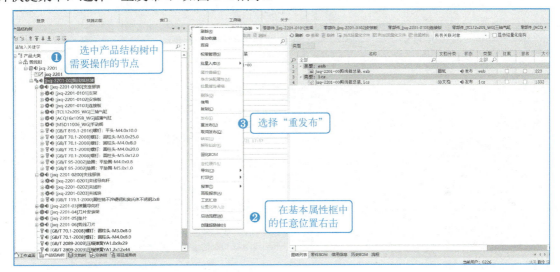

图 6-1　重发布操作流程

重发布成功后，产品结构树上的蓝色小喇叭标识消失，产品状态由"发布"变更为"设计"，如图 6-2 所示。

接下来可以对图纸进行修改，找到产品结构树中需要修改的零件，在图纸列表中选中需要修改的零件图纸，右击激活快捷菜单，选择"生命周期"中的"出库"，如图 6-3 所示。弹出出库配置对话框如图 6-4 所示，按默认设置使用缺省的应用程序，单击"确定"按钮，此时图纸状态由"设计"变更为"出库"，如图 6-5 所示。系统将会识别图纸类型，自动打开相应软件，即可对图纸进行修改。

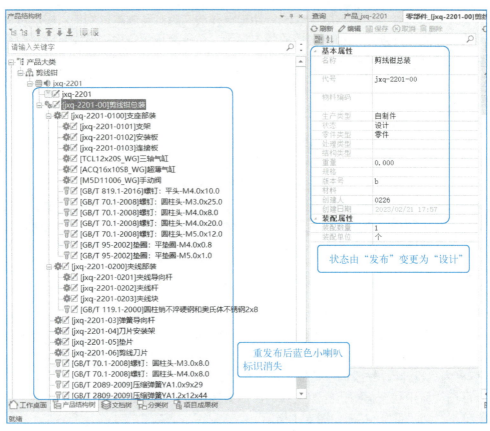

图 6-2　重发布成功

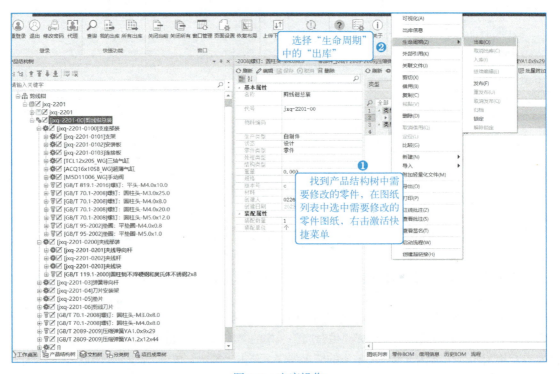

图 6-3　出库操作

项目 6　数据重发布与归档

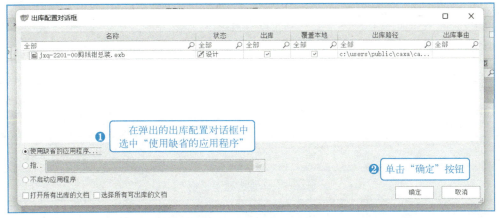

图 6-4　出库配置对话框

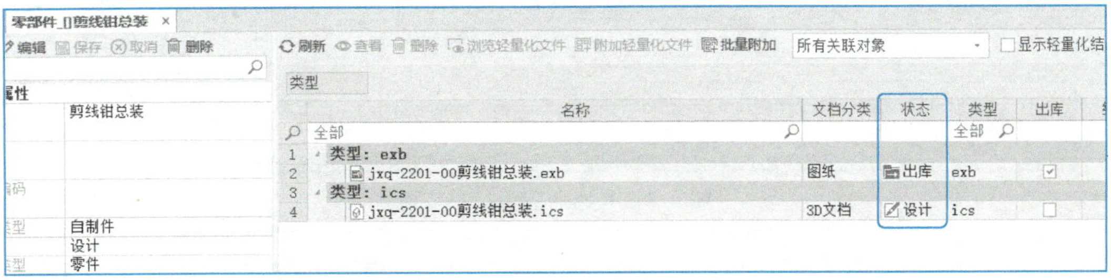

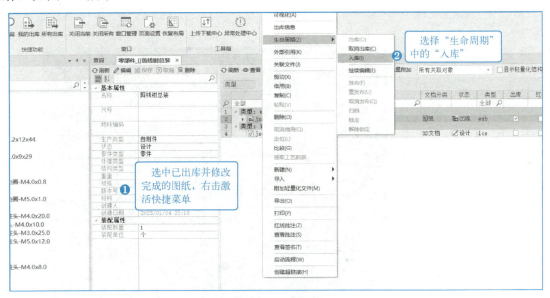

图 6-5　出库后图纸状态变更

图纸修改完成后选中刚刚出库的图纸，右击激活快捷菜单，选择"生命周期"中的"入库"按钮，如图 6-6 所示。在弹出"入库配置对话框"可以看到，如果图纸进行了修改，那么图纸状态一栏则提示有修改，反之则提示无修改，按默认设置单击"确定"按钮即可完成入库操作，如图 6-7 所示。

图 6-6　入库操作

入库操作完成后，状态由"出库"重新变更为"设计"，如图 6-8 所示。

此时，双击图纸即可打开图纸浏览，如图 6-9 所示。

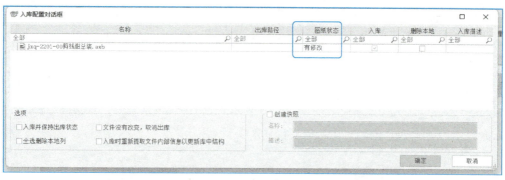

图 6-7　入库配置对话框

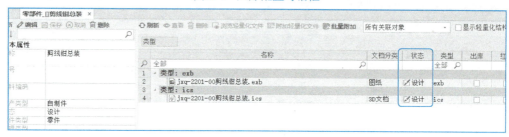

图 6-8　入库后图纸状态变更

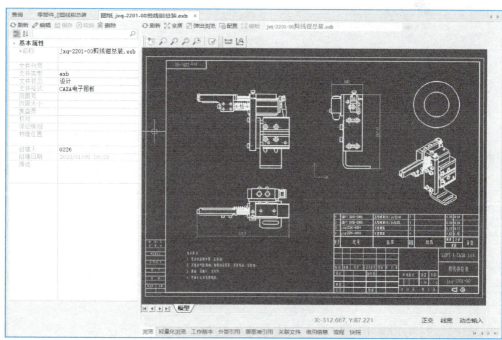

图 6-9　图纸浏览

在下方切换至"工作版本"选项卡,可以看到该图纸所有版本及版次,按住键盘上的<Ctrl>键,可同时选中多个需要比较的图纸版本,选择完成后右击激活快捷菜单栏,选择"比较",如图 6-10 所示。弹出比较结果窗口中,修改处会以高亮颜色显示,如图 6-11 所示。

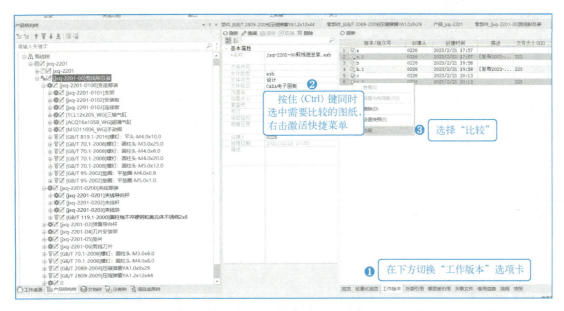

图 6-10 不同版本图纸比较操作

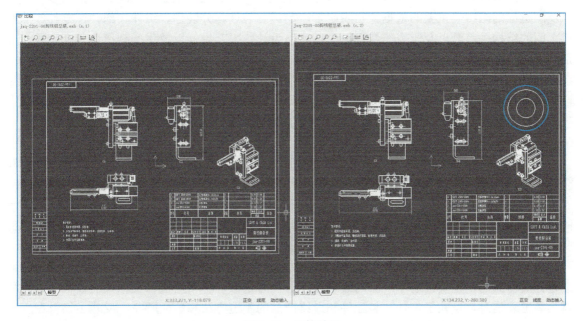

图 6-11 比较结果

关闭比较窗口,选择当前版本,右击激活快捷菜单,选择"设置为有效版本",此时版本/版次号中的有效版本处会显示绿色对勾标识,如图 6-12 所示。

图 6-12 设置为有效版本操作

任务 6.2 固化 BOM

6.2.1 认识 BOM

BOM（Bill of Material，物料清单）是以数据格式来描述产品结构的文件，是计算机可以识别的产品结构数据文件，是 PLM/ERP 信息化系统里重要的基础数据，也是财务部门核算成本以及制造部门组织等重要的依据。它表明了产品的总装件、分装件、组件、部件、零件、原材料之间的结构关系，以及所需的数量。经过产品设计、工艺设计以及生产制造这三个阶段，分别产生了名称相似但内容差异较大的三类 BOM。

1）EBOM 指的是设计 BOM，主要是设计部门产生的数据，产品设计人员根据客户订单或者设计要求进行产品设计，从设计图纸上获得用来组织和管理产品所需的零部件物料清单，主要包含产品的设计属性（编码、名称、版本、材料牌号、规范、毛料尺寸、单件重量、工艺类型等）、装配层次关系等信息。EBOM 是工艺、制造等后续部门的其他应用系统所需产品数据的基础。

2）PBOM 指的是工艺 BOM，是工艺设计部门以 EBOM 中的数据为依据，根据工厂制造水平和能力，在 EBOM 基础上对工艺路线进行调整和再设计得到的，是组织工艺文件的基础，明确了产品的加工装配工序、原材料及工装夹具等信息。图 6-13 所示为某产品设计 BOM 及工艺 BOM 比较示例，工艺 BOM 中在零件节点下增加了相应的原材料/半成品信息。不同企业对工艺 BOM 体现信息的要求不同，工艺 BOM 的形式和内容也存在差异，但其核心功能在于对生产工艺相关资源进行管理。

3）MBOM 指的是制造 BOM，是制造部门根据已经生成的 PBOM，对工艺装配步骤进行详细设计后得到的，主要描述了产品的装配顺序、工时定额、材料定额以及相关的设备、刀具和模具等工装信息。反映了零件、装配件和最终产品的制造方法和装配顺序，反映了物料在生产车间之间的合理流动和消失过程。制造 BOM 是直接指导生产、采购外协和计算成本及产品定价的重要文件。不同的客户，对制造 BOM 的定义是不一样的，因此体现的信息类型和结构也不尽相同。图 6-14 所示为制造 BOM 示例。

我们可以将工艺 BOM 看作是设计 BOM 向制造 BOM 转化过程中的中间状态，也有的企业只存在设计 BOM 和制造 BOM 而不组织工艺 BOM 的编制。

项目 6 数据重发布与归档

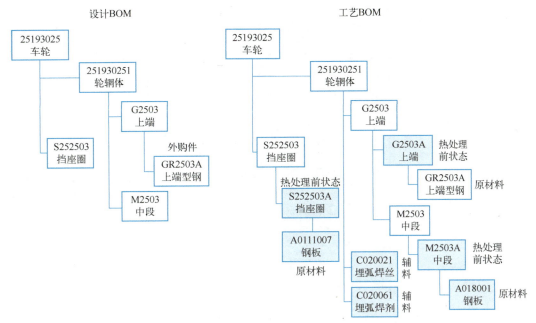

图 6-13 设计 BOM 与工艺 BOM 比较

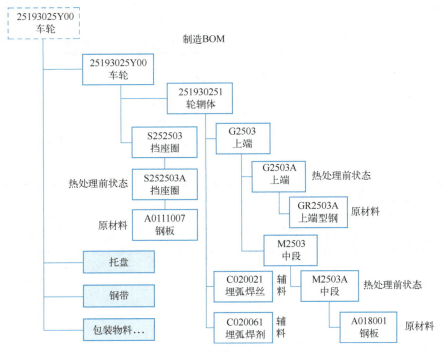

图 6-14 制造 BOM 示例

6.2.2 固化 BOM 并查看

固化 BOM

使用固化 BOM 功能可以方便版本管理,系统能够保留不同设计阶段的产品结构及对应的图纸版本信息。不同版本之间的结构差异会以不同的颜色区分。

选择需要进行操作的产品,右击激活快捷菜单,选择"固化 BOM",如图 6-15 所示。

图 6-15　固化 BOM 操作

在弹出的创建 BOM 弹窗内输入"第一次固化"及相关描述信息，单击"确定"按钮，会弹出创建成功提示，如图 6-16 所示。

图 6-16　创建 BOM 成功

在下方切换至历史 BOM 选项卡，单击上方"刷新"按钮，可以查看到该图纸所有的固化 BOM 版本，如图 6-17 所示。

图 6-17　历史 BOM

选择需要查看的 BOM，单击上方的"查看"按钮即可，如图 6-18 所示。

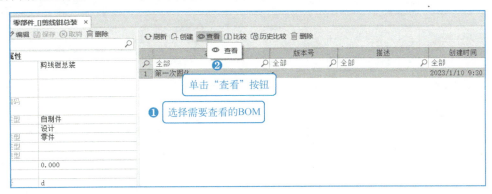

图 6-18　查看 BOM

此时，显示的就是第一次固化 BOM 的结构，如图 6-19 所示。

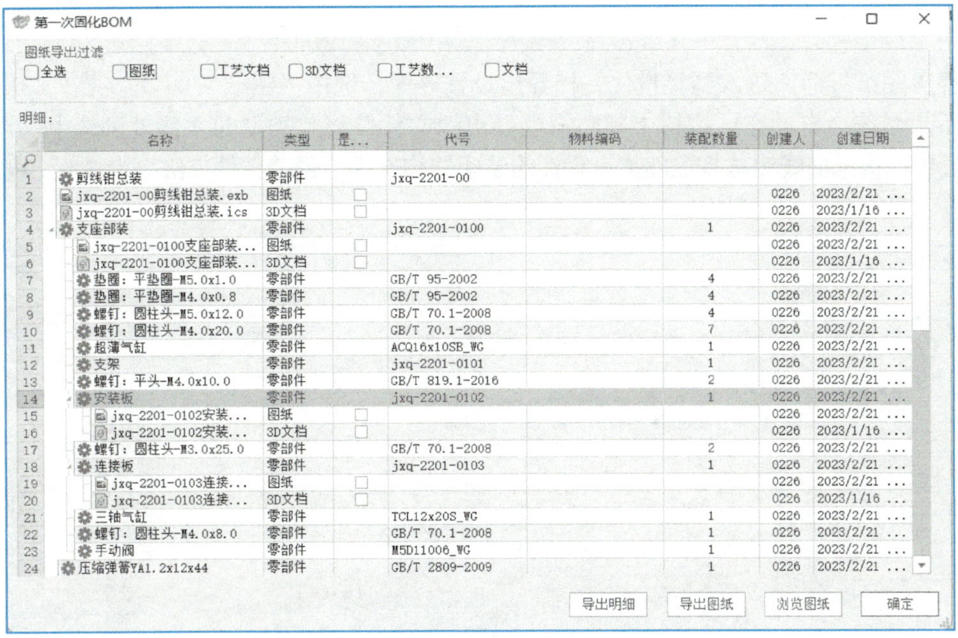

图 6-19　第一次固化 BOM 的结构

任务 6.3　数据归档

6.3.1　批量导出图纸与工艺文件

批量导出图纸与工艺文件

在某些场景下需要对图纸及工艺文件进行批量导出操作，通过 PLM 软件可以高效管理图纸及工艺文件。

选择需要导出图纸的对应节点，右击激活快捷菜单，选择"导出"中的任意选项都能进入导出界面，可在界面内选择需要导出的相应类型文件，如图 6-20 所示。

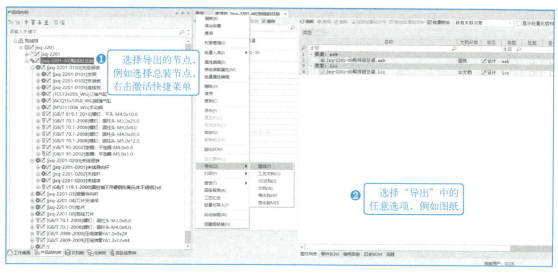

图 6-20　导出操作

选择"图纸"后,进入到轻量化文档导出设置界面,选中"图纸""工艺文档""3D 文档"等选项后,系统会自动在结构树中判断需要导出的文件并将此类型的文件批量选中,设置好文件保存位置,根据剪线钳总装—部装—零件的装配结构选择"创建文件夹级"为 3 级,如图 6-21 所示。

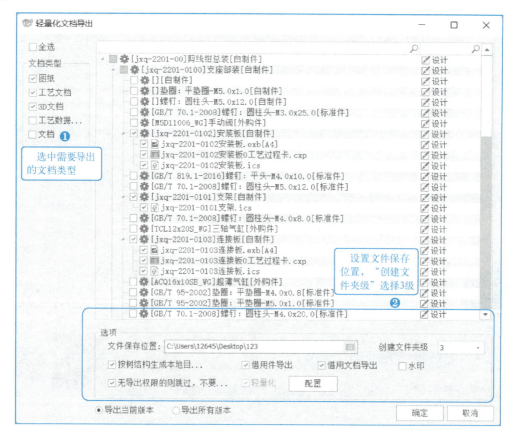

图 6-21　轻量化文档导出设置

单击"配置"按钮,弹出"轻量化配置"对话框,将导出选项设置为不使用轻量化图纸,当需要导出轻量化格式的图纸时再更改设置为"使用",否则系统将不使用图纸,导致无法正常导出。告警级别可设置操作报错时的提示方式,默认为"忽略",表示图纸有问题时忽略导出操作,不会报警也不会导出图纸。如导出图纸的格式统一,则此对话框中的参数不需要频繁设置,如图 6-22 所示。

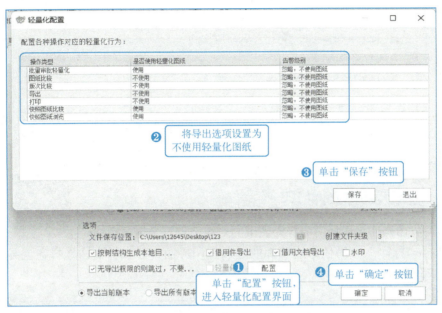

图 6-22 轻量化配置

设置完成后单击"确定"按钮,稍后系统将弹出"导出完成!"提示,如图 6-23 所示。

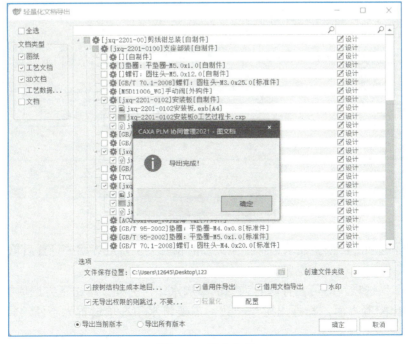

图 6-23 导出完成

导出的结果可以在设置的"文件保存位置"路径下查看，如图 6-24 所示。

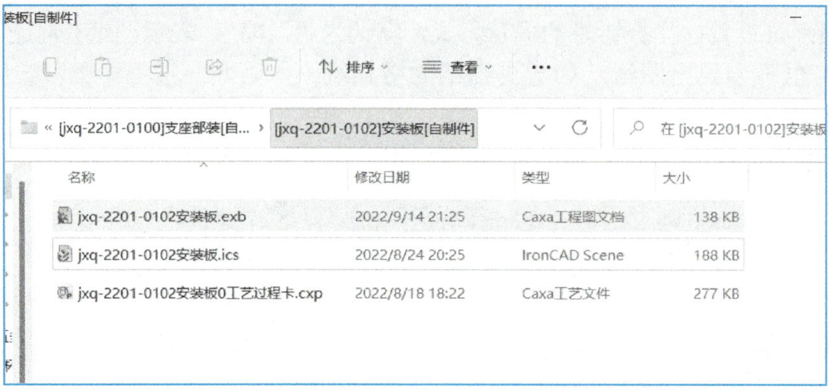

图 6-24　导出结果

6.3.2　图纸及工艺文件打印

文件打印

下面学习打印操作，选择需要打印图纸的对应节点，右击激活快捷菜单，选择"打印"中的任意选项都能进入打印界面，可在界面内选择需要导出的相应类型，如图 6-25 所示。

图 6-25　打印操作

进入到打印选项后可根据需求选择打印文件的相应类型，进行相关设置后单击"确认"，如图 6-26 所示。

选中"水印"选项，即可在打印时为图纸添加水印，另外，单击下方选项中的配置按钮，即可进入轻量化配置界面，与导出操作一致，需要将水印选项设置为不使用轻量化图纸，如图 6-27 所示。

项目 6 数据重发布与归档

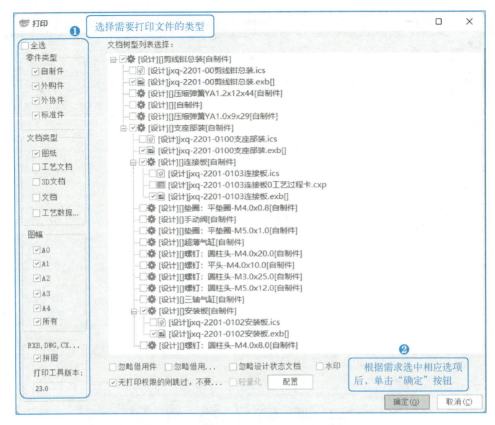

图 6-26 打印选项

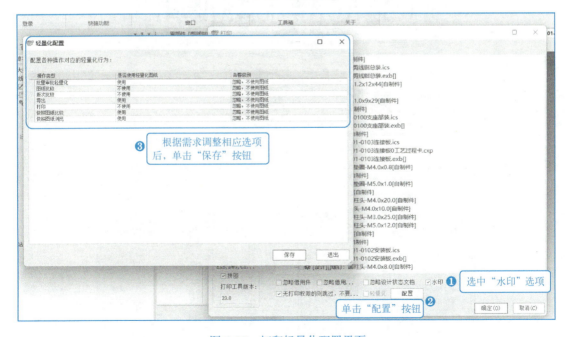

图 6-27 打印轻量化配置界面

单击"确定"按钮后会打开打印工具,在左侧任务列表窗口中选择排版幅面,右击激活快捷菜单可在其中调整打印的相关设置,单击"打印预览",如图 6-28 所示。

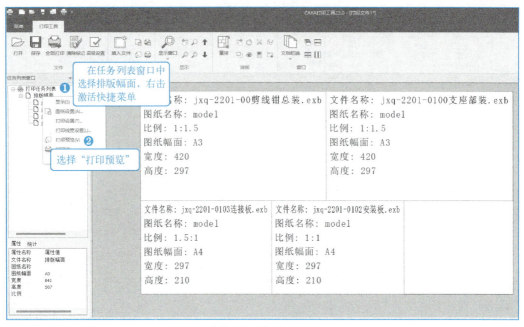

图 6-28　打印工具

打印预览结果，如图 6-29、图 6-30 所示。

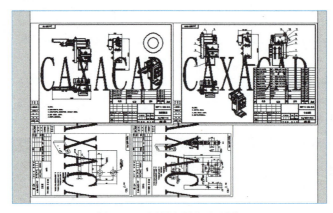

图 6-29　图纸文件打印预览

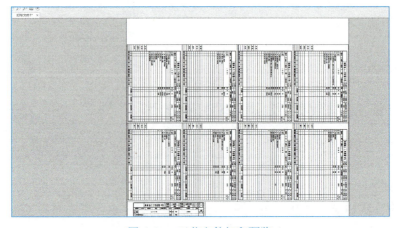

图 6-30　工艺文件打印预览

6.3.3 PLM 系统数据归档

对于 PLM 软件来说，数据就是所管理的图纸、工艺文件、技术资料等各种交付物。对于很少使用的历史档案，应选择进行归档处理。数据归档是将不再经常使用的数据移到一个单独的存储设备来进行长期保存的过程。归档数据由已存在的旧数据组成，但它是后续设计参考所必需且很重要的数据来源，必须遵从一定的规则来保存。数据归档支持索引和搜索，文件可以很容易地被查找到。

产品数据归档后，不能进行任何修改操作，归档后的数据在电子仓库中将被移到归档库中。需要注意的是，只有已发布的产品才能进行归档。归档后的产品数据，支持对零部件的借用和复制操作。

以"剪线钳"产品为例，产品发布后，在产品结构树选中产品 jxq-2201，右击打开快捷菜单，选择"生命周期"中的"归档"选项，如图 6-31 所示。

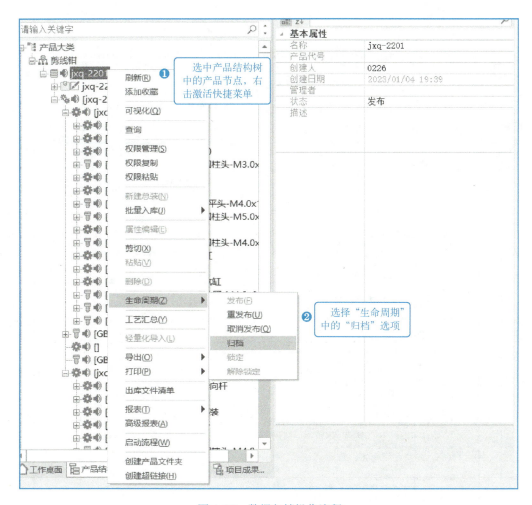

图 6-31 数据归档操作流程

在弹出的"归档配置"对话框选中"全选"选项，将该产品下所有内容选中，单击"确定"按钮，如图 6-32 所示。

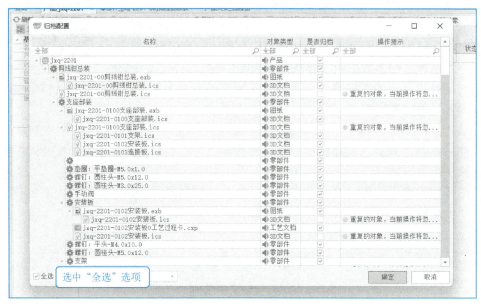

图 6-32　归档配置

归档后产品结构树上会显示已归档图标，同时在基本属性栏中的"状态"处显示"归档"，此时归档操作成功，如图 6-33 所示。

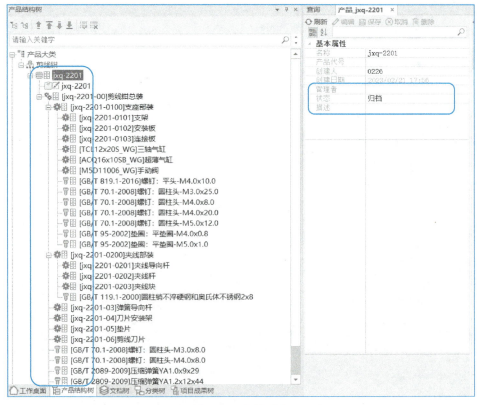

图 6-33　归档成功

【习题】

一、判断题

1. 在 CAXA PLM 中，每出库一次，版本都会发生变化，按字母表顺序顺推，如 a 变为 b。（   ）
2. 在"工作版本"选项卡中可以看到该图纸的所有版本与版次，各版本与版次之间可以进行对比操作。（   ）

二、选择题

1. 进行重发布操作后的产品处于（   ）状态。
   A．出库　　　　B．发布　　　　C．设计　　　　D．归档
2. 进行数据归档操作时，需要该产品处于（   ）状态。
   A．出库　　　　B．发布　　　　C．设计　　　　D．归档

三、简答题

1. 请简述 BOM 相关内容。
2. 请简述在 PLM 中系统数据归档的作用。

项目 7 　数据重用

知识目标：
1. 了解查询 PLM 系统中已有数据的方法；
2. 理解借用与复制数据的概念及二者的区别；
3. 了解零部件标准化的作用；
4. 理解通用件标准化的流程；
5. 了解图纸及工艺文件的修改借用方法；
6. 了解使用工程知识管理系统存储和调用工艺知识生成工艺文件的方法。

能力目标：
1. 能够查询已有产品数据；
2. 能够借用和复制已有零部件或图纸工艺文件；
3. 能够将已有零部件标准化为企业通用件；
4. 能够查询和选择工程知识管理中的数据，并将其填写到工艺文件中；
5. 能够重用典型工艺文件生成新的工艺文件。

素养目标：
1. 具有良好的数据重用与复用意识；
2. 具有规范的数据借用操作习惯；
3. 具有良好的网络协作精神。

项目分析

新产品设计往往不是从零开始的，而是基于已有产品的数据进行改型。这是因为应用标准化、模块化的设计方式可提高产品的通用零部件程度，降低制造成本。这也是"绿色设计"所倡导的设计模式。某些采用 PLM 进行数字化管理的企业中，将产品零部件的借用/复用率，作为重要的考核指标之一。本项目以"剪线钳 jxq-2201"为例，讲解零部件数据重用的操作方法。

任务 7.1　零件的复制与借用

7.1.1　查询已有产品数据

PLM 查询功能操作

1. 数据查询

在"工作"界面单击"查询"选项，预览窗口出现查询窗口；根据需要选择查询文档的类型；在关键字栏输入关键字，支持代号或名称模糊查询，单击"🔍"可查询到对应的对象，数据查询操作如图 7-1 所示。

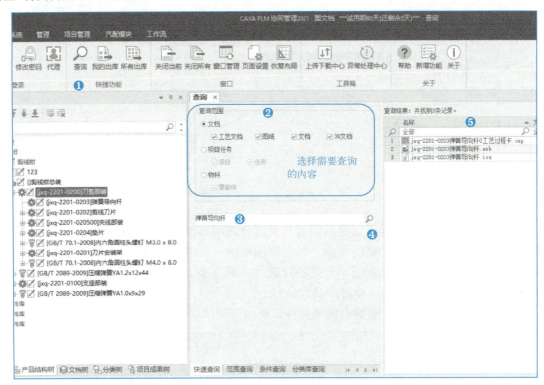

图 7-1　数据查询操作

2．查询结果利用

系统支持对查询结果的利用，方便用户对查询的结果直接执行复制、借用、出库、入库等操作。

查询结果列表记录的鼠标右键功能菜单有定位、范围查询、添加收藏、生命周期、属性编辑、借用、复制、删除、导出、打印等，如图 7-2 所示。可通过鼠标右键功能菜单，执行相应的功能操作。双击查询结果记录，可以打开该对象的视图编辑，并保存该对象。单击"导出"按钮，可以将查询结果记录输出到 Excel 文档。按住〈Shift〉或〈Ctrl〉键可以实现对文件的多选。

如图 7-2 所示，查询功能支持所有用户对文档和物料的查询，但对于查询到的结果是否有操作权限，与分配给人员角色的权限有关，对某一查询结果不具备操作权限的用户，将无法对查询结果进行操作。

> PLM 零件及图纸文档借用

7.1.2　借用现有零件

在做产品开发时，会有同系列产品研发的需求，对老产品进行改型、优化不可避免。例如，对项目 2 案例"剪线钳（型号 jxq-2201）"产品进行改型设计形成新产品，其中有一些零部件不需要修改，可以沿用，有些零部件结构需要调整，得到新的参数规格。同时，做新产品开发周期短，从零开始重新设计零部件耗时较多；所以，借用老产品的主体结构、修改原有部分功能结构或外形、外观件，可较快开发出新的产品。

图 7-2　无权限查询结果

借用是在做新产品设计时，直接从现有产品选择通用零部件进行原样使用，借用时不进行图纸的复制操作，而仅是建立借用关系，以保证图纸的一致性，再次修改可溯源，统一修改，避免借用件之间变更不全导致数据不一致的问题；此部分零部件不需二次设计、画图等，可减少设计工作量、缩短开发周期，使得产品可早日上市。

如图 7-3 所示，先查询需要借用的零部件，选中查询结果，右击选择"借用"。

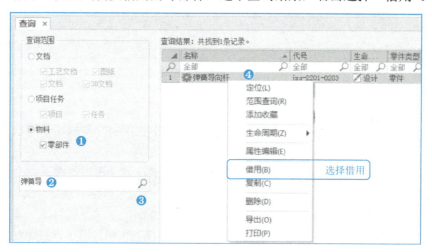

图 7-3　查询借用件

如图 7-4 所示，回到产品结构树找到需要借用零部件的部件节点，右击选中部件，选择"粘贴"，会借用到查询的零部件，并插入到选中节点下成为子节点。选择该借用件，属性栏"借用件"属性值为"是"，标识出此零部件是借用件。

PLM 部件复制修改图纸

7.1.3　复制零件并修改

对于同系列产品设计或产品改型设计中需要在已有零部件基础上进行修改生成新零部件的使用要求，一般使用"复制"功能。复制是在做新产品设计时，直接从现有产品选择结构或功能相似的零部件进行复制的操作。复制原有的零部件修改主体结构或部分功能结构件，例如，局部尺寸缩短或加长、固定孔位增加或移动、外观件修改等，即可得到新的零部件。

项目 7　数据重用

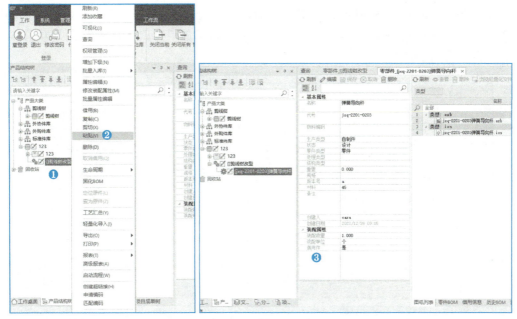

图 7-4　借用零部件

复制过程中系统对图纸对应的图号属性自动修改,以保证图号与原图纸或文件不重复,确保唯一性,复制后得到新的、独立的零部件。对新的零部件,可以独立变更,不影响其他产品;再对零部件进行修改,即可完成新的零部件设计。复制的零部件不用从零开始设计,可减少设计工作量,缩短开发周期,使得产品提前上市。

复制零件,既可以复制单个零件,也可以复制部装件;被复制的部装件下的零件可以分别设置选择为借用或保持默认复制方式,粘贴到新的改型部装件上。这里以刀剪部装下的剪线刀片复制与修改为例进行讲解。

(1) 复制、粘贴刀剪部装

如图 7-5 所示,选择需要改型设计的部装件,整体复制;右击新建的改型部装件节点,粘

图 7-5　复制部装件

贴复制的部装件；如图 7-6 所示，对不改型的零件，在操作类型栏下拉列表改为"借用"；如图 7-7 所示，粘贴后的复制件，代号更新，借用件显示借用标识。对单个零件复制，可以直接粘贴，得到新的代号零件。

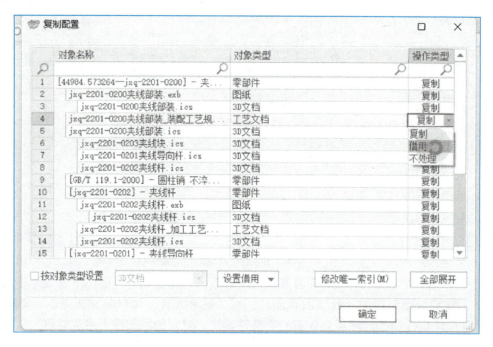

图 7-6　修改粘贴类型

图 7-7　更新代号的复制件

（2）复制的图纸出库修改

复制的零件图纸文件，需要出库进入 CAD 系统中进行更新修改操作，同时在明细表或标题栏处修改复制件的代号；确保图纸再次入库时，系统读取明细表或标题栏信息时自动更新零件节点的代号，以便正确更新零件图纸文件与入库的信息。

例如，对夹线杆出库修改。先设定新的夹线部装及夹线杆的代号或图号。如图 7-8 所示，在结构树上分别右击选择夹线部装及夹线杆，选择属性编辑；或选择夹线部装及夹线杆节点后，选择属性栏，单击"编辑"按钮。在属性栏修改代号，修改后单击"保存"按钮，更新代号。

修改代号后，如图 7-9 所示，右击夹线部装，选择导出图纸。如图 7-10 所示，设置图纸导出保存路径。

项目 7 数据重用

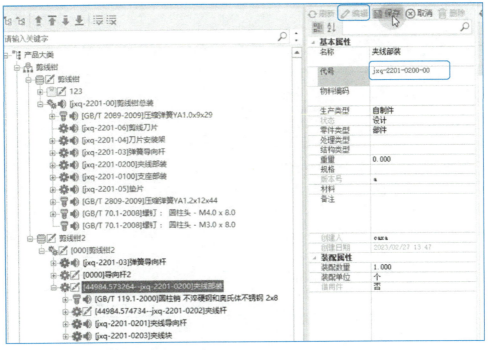

图 7-8 刀剪部装修改属性

图 7-9 图纸导出

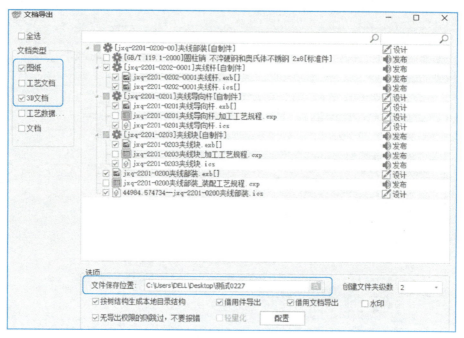

图 7-10　图纸导出设置

打开刀剪部装图后，修改刀剪部装明细表中剪线刀片的代号和刀剪部装标题栏的代号，如图 7-11 所示。

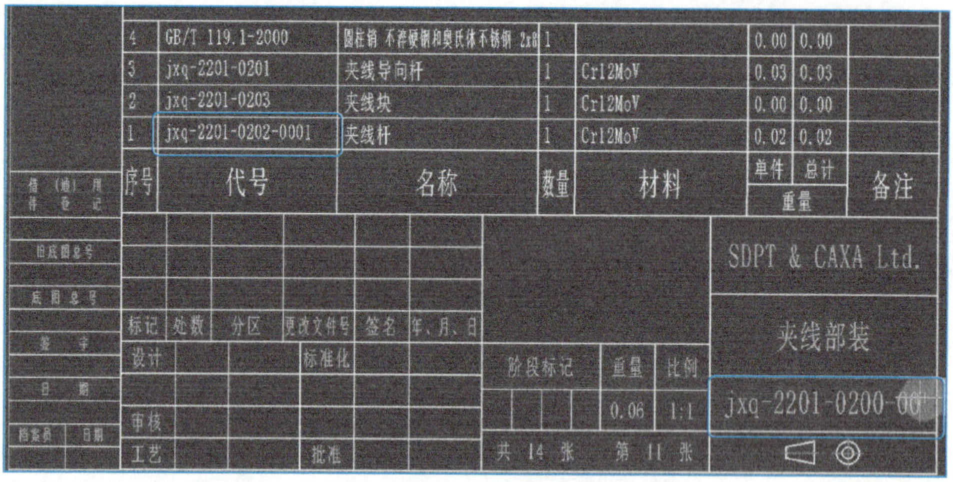

图 7-11　部装修改代号

同夹线部装图纸方法，导出夹线杆的图纸，零件图纸按正常设计流程更改结构、更新标注尺寸等。

（3）更新的夹线部件图纸导入

删除原夹线部装及夹线杆复制过来的图纸，如图 7-12 所示。删除原来复制的图纸后，导入新的图纸。

如图 7-13 所示，在夹线部装图纸列表空白区域右击选择"导入"，在下一级菜单中选择"图纸"。如图 7-14 所示，找到图纸所在的路径，选择要导入的图纸，单击打开后，弹出如图 7-15 所示的导入文件对话框。

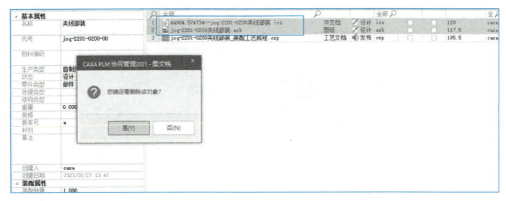

图 7-12　删除图纸

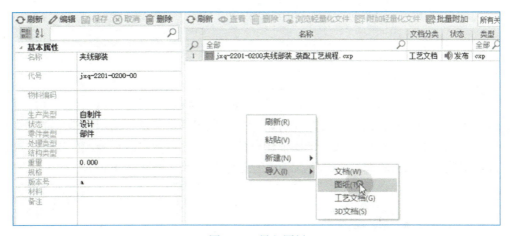

图 7-13　导入图纸

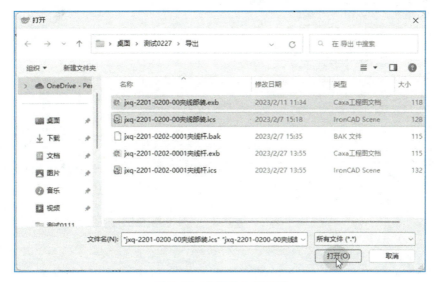

图 7-14　选择导入的图纸

确认并选中需要导入的图纸后单击"确定"按钮，提示导入成功。采用同样方法，导入夹线杆图纸。导入新图纸后，对这个新的夹线部装件启动设计审批流程，进行审批、发布，具体步骤可参考图纸审批章节。

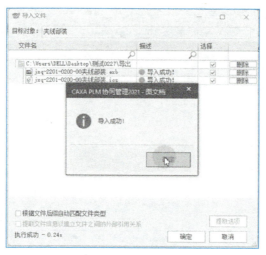

图 7-15　图纸导入入库

7.1.4　复制与借用的区别

借用是在做新产品设计时，直接从现有产品选择通用零部件进行借用，借用时不进行图纸的复制操作，而仅是建立借用关系，以保证图纸的一致性，再次修改可溯源，统一修改，避免变更不全。借用件显示齿轮图标为绿色，节点信息为借用件，如图 7-16 所示。

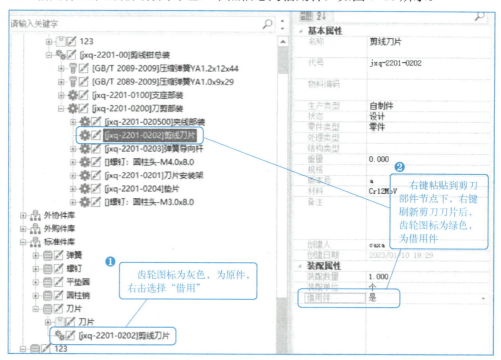

图 7-16　借用件标识

复制是做新产品设计时，从现有产品选择结构或功能相似的零部件进行复制，复制过程中系统对节点的代号属性自动修改，得到新的、独立的零部件。复制过来的零部件的代号与原零部件的代号发生了变化，其代号中多了一个后缀。代号的修改并不意味着图纸文件中图号的修改，要修改图纸标题栏的图号，需出库进入 CAD 系统中进行更新。在入库时，更新后的图号能自动替换到零部件的代号属性中，即更新完成新的零部件设计。复制件代号更新，无借用标识，齿轮图标为灰色，如图 7-17 所示。

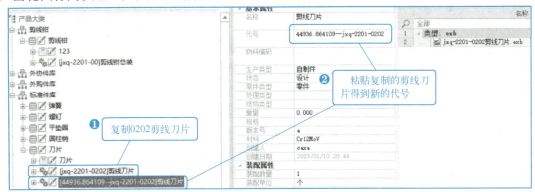

图 7-17　复制件代号更新

任务 7.2　借用件标准化

7.2.1　零部件标准化的作用

零部件标准化是指要通过对零件的结构要素、尺寸、材料性能、设计方法、制图要求等进行统一规范，制定出共同遵守的标准。零部件标准化是在产品品种规格系列化及零部件通用化的基础上按国家标准设计生产零部件，进而减少设计和加工制造的工作量，缩短设计生产周期。

弹性成批生产原则是指通过对产品的系统分析，在产品外观多样化的同时更多地使用标准化零部件。这样就可以用尽可能少的标准化零部件构成尽可能多的产品，这也就实现了制造的标准化和装配的多样化的统一。

产品品种规格的系列化是指将同一类产品的主要参数、型式、尺寸、基本结构等依次分档，制成系列化产品，以较少的品种规格满足客户的广泛需要。产品质量标准化要保证产品质量合格和稳定，就必须做好设计、加工工艺、装配检验、包装储运等环节的标准化。用途相同、结构相似、参数和尺寸变化有规律的零部件，可制定统一标准。产品品种规格的系列化既可提高产品质量，又能降低成本；设计方面可减少设计工作量；管理维修方面可减少库存量，便于更换损坏的零部件。

零部件标准化的好处在于，通过加强零部件的标准化，可将产品的多变性和零部件的标准化有效地结合起来，把客户的个性化需求和共性需求分别进行规划，从而实现高质量、低成本和快速交货的目标。

而在产品设计中零部件标准化的好处在于，可以直接减少零部件编码数量，降低管理成本；零部件统一，产品主体固化，可以减少开模的数量，生成加工的工装设备得以标准化，工艺也实现标准化作业；可以避免对某一个供货商的依赖，增加企业的供货渠道，供货商之间的竞争促使产品质量不断提高，价格也不断降低；同时实现了生产的专业化，能够有效提高材料利用率和劳动生产率，既节约了材料成本，又降低了产品的制造成本；提高了产品之间的兼容性，减少了由于产品之间标准不一致，导致的售后不便等问题。

7.2.2 通用件标准化

借用件是重复采用本企业内已有产品的专用件，使用该零部件时，建立借用关系。借用件在形式上是专用件，实际上在企业内部已经成为通用件了。

PLM 企业通用件标准化管理

通用件是在不同类型或同类型不同规格的产品中可以互换使用，给予通用编号（或单独管理）的整（部）件和元器件。通用件是标准件的初级形式，在设计时，当标准件使用。它是一些应用范围较广，但当前又不能定为标准，对其进行统一设计、独立零部件编号供设计人员选用的零部件。

统一整理并管理企业内部通用化的标准件，目的是最大限度地扩大同一产品（包括元器件、部件、组件、最终产品）的使用范围，从而最大限度地减少产品（或零件）在设计和制造过程中的重复劳动；直接表现为减少零部件编码的数量，避免一码多物或多码一物等管理乱象，避免变更不全、变更错乱等情况，实现统一管理关联产品零件的变更。标准化的效果体现在简化管理程序，缩短产品设计、试制周期，扩大生产批量，提高专业化生产水平和产品质量，方便顾客和维修维护人员，最终获得各种劳动成本的节约。

标准件库创建可参考 2.2.3 节中的内容。借用通用件到企标标准件库后，设定为原件；修改该新建的企标件的零件代号为企标代号，修改零件节点下的文件名称代号及修改图纸或文件内的零件代号，启动审批流程，完成企标零件归类发布。

（1）借用企业通用件

对通用件创建标准件库后，借用通用件到创建标准件库节点下。假设，一个企业的剪线钳剪刀部件的剪线刀片是多个系列产品都会借用的通用件，那么就可以对这个刀片通用件进行归类到该企业的标准件库进行管理。通过右击对刀片进行选择借用，右击选择粘贴到创建的标准件库节点下，如图 7-18 所示。将标准件库的刀片置为原件，右击对刀片进行刷新，标准库的刀片节点齿轮图标为灰色，如图 7-19 所示；右击对原剪线刀片刷新后，节点齿轮图标为绿色是借用件，如图 7-20 所示。

图 7-18 借用刀片

其他文件入库，可参考图纸、文档入库章节。

项目 7　数据重用

图 7-19　借用刀片置为原件

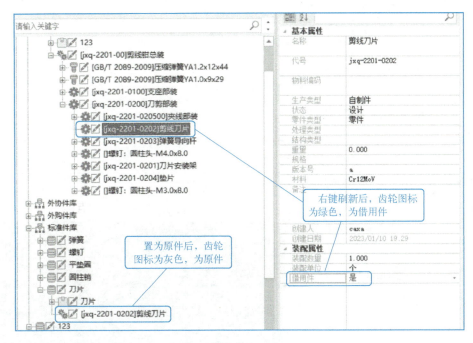

图 7-20　刷新原件刀片为借用件

（2）零件基本属性修改

编辑"jxq-2201-0202 剪线刀片"标准件的代号为企业标准件代号。企标标识识别一般为代号包含"QB"，用于识别企标标准件。如图 7-21 所示，选中"jxq-2201-0202 剪线刀片"标准件，属性编辑栏单击"编辑"，修改代号，在原代号前增加"QB"企标标识（不同企业，定义的代号及企标不一样，此处以"QB"为例讲解）；在"生产类型"处下拉选择，把原"自制件"改为"标准件"；单击"保存"按钮，完成标准件零件节点代号修改。

（3）文件代号修改

企业通用件归类于企业标准件，文件名称的代号、工艺文件及图纸的代号都需要修改更新。如图 7-22 所示，双击"jxq-2201-0202-02 剪线刀片.exb"零件的图纸，进入图纸查看窗口，在查看图纸窗口的左侧属性列表处更改图纸名称。单击"编辑"，把原名称"jxq-2201-0202 剪线刀片"改为"QB-jxq-2201-0202-02 剪线刀片"，单击"保存"按钮，关闭查看窗口，完成图纸名称修改。工艺文件名称修改方法与此相同。

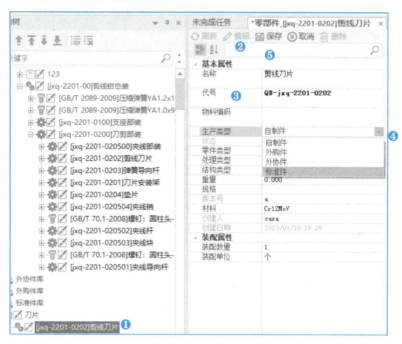

图 7-21　修改零件代号

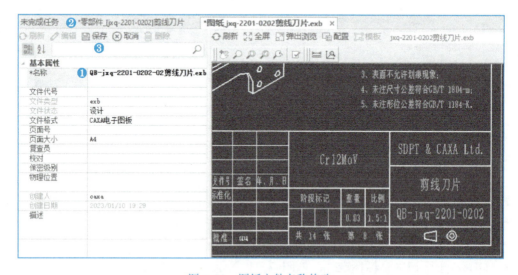

图 7-22　图纸文件名称修改

修改图纸文件名称后，对"QB-jxq-2201-0202-02 剪线刀片.exb"图纸出库修改图纸内部标题栏的代号属性。若归类企业通用零件为企业标准件前，该零件已被借用到其他部装内，则借用的部装装配图纸内的装配明细表也需要更新该零件的代号。图纸出库及入库操作方法，参考出库及入库章节。完成图纸代号编辑后，启动审批流程，进行审批、发布，具体步骤可参考图纸审批章节。

任务 7.3 工艺文件重用

7.3.1 已有文件修改借用

PLM 工艺文件
重用编辑

在企业里,通常同一系列产品大部分的零部件都是通用件,指导生产运行的工艺文件也有大部分相同内容;所以,工艺文件可以被同系列的产品、零件直接借用或复制后经过简单修改得到新的工艺作业指导文件。

(1)工艺文件借用

以"jxq-2201-0202 剪线刀片"为例,右击"工艺文件",选择"借用"如图 7-23 所示。如图 7-24 所示,在"jxq-2201-0202-02 剪线刀片"零件的图纸列表空白处右击,选择"粘贴"借用的工艺文件。粘贴后的工艺文件图标为绿色,原工艺文件图标为灰色,如图 7-25 所示。

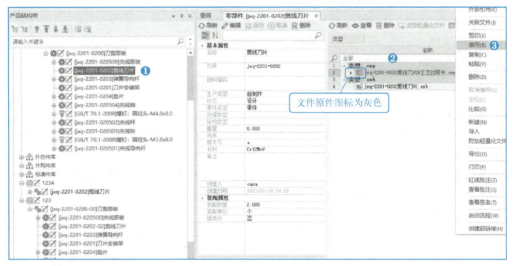

图 7-23 工艺文件借用

图 7-24 工艺文件粘贴

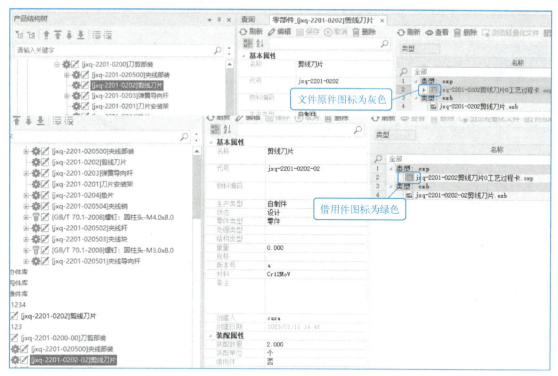

图 7-25　工艺文件借用状态

（2）工艺文件复制修改

方法一：以"jxq-2201-0202 剪线刀片"为例，右击"工艺文件"，选择"复制"，如图 7-26 所示。如图 7-24 所示，在"jxq-2201-0202-02 剪线刀片"零件的图纸列表空白处右击，选择"粘贴"复制的工艺文件。粘贴后的工艺文件图标为灰色，原工艺文件图标也为灰色，如图 7-27 所示。复制的文件与源文件已断开关联，原理类似于计算机本地文件，从 A 文件夹复制到 B 文件夹，文件不作更改且已相互独立。

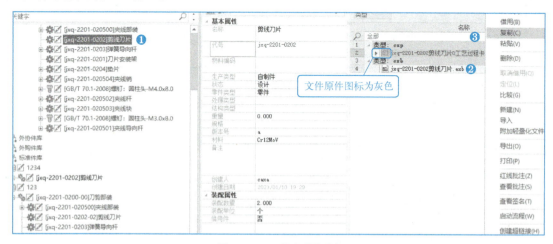

图 7-26　工艺文件复制

修改复制过来的工艺文件名称，双击"jxq-2201-0202-02 剪线刀片"零件的工艺文件，进入工艺文件查看窗口，在查看工艺文件窗口的左侧属性列表处更改工艺文件名称，如图 7-28 所示。单击"编辑",把原名称"jxq-2201-0202 剪线刀片工艺过程卡"改为"jxq-2201-0202-02 剪线刀片工艺过程卡",单击"保存"按钮,关闭查看窗口,完成文件名称修改。

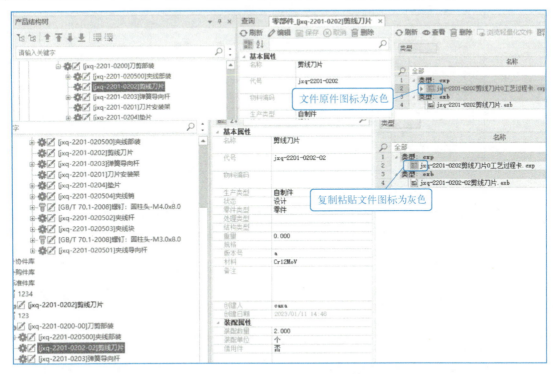

图 7-27 工艺文件复制粘贴状态

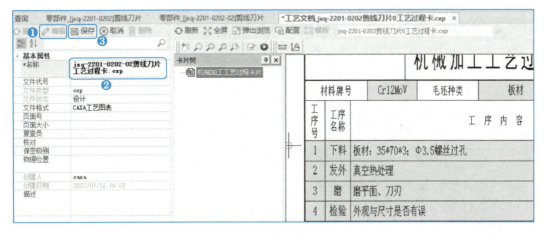

图 7-28 修改文件名称

修改文件名称后,对工艺文件进行出库修改。右击"工艺文件",选择"生命周期""出库",如图 7-29 所示。在出库配置对话框,按默认配置,单击"确定"按钮出库,如图 7-30 所示。

工艺文件出库后,会按照默认程序打开 CAXA CAPP 工艺图表软件,对工艺文件进行更新。修改图号、修改工艺技术内容,单击"保存"按钮,关闭工艺图表软件,如图 7-31 所示。如图 7-32 所示,修改工艺文件后,右击"工艺文件",选择"生命周期""入库"。若需要二次编辑工艺文件，可以选择"继续编辑"到工艺图表二次更新工艺文件内容。完成工艺文件编辑后，启动审批流程，进行审批、发布，具体步骤可参考图纸审批章节。

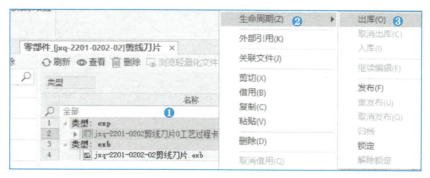

图 7-29　工艺文件出库

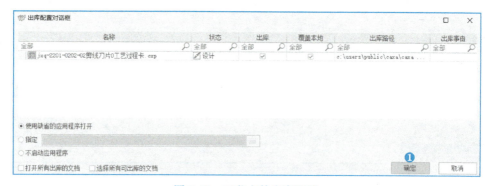

图 7-30　工艺文件出库配置

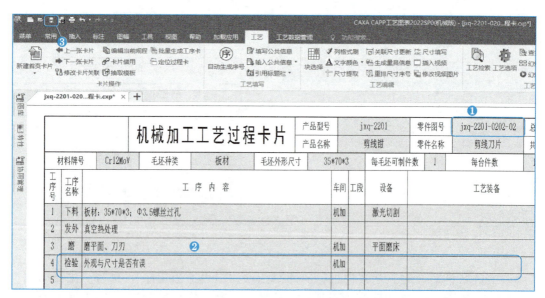

图 7-31　工艺文件修改内容

方法二：可以在"jxq-2201-0202 剪线刀片"节点下，导出工艺文件到计算机本地；修改文件名称为"jxq-2201-0202-02 剪线刀片"，用 CAXA CAPP 工艺图表软件打开"jxq-2201-0202-02 剪线刀片"工艺文件，修改工艺文件内容，如图 7-31 所示。工艺文件修改后，把该工艺文件导入到“jxq-2201-0202-02 剪线刀片”节点下的图纸列表，完成工艺文件编辑。文件导出与导入，可参考 7.1.3 节内容。

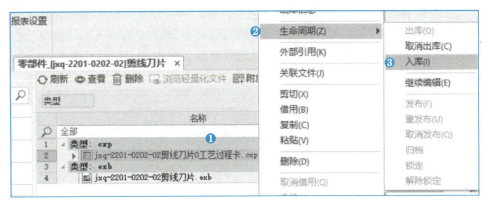

图 7-32 工艺文件出库后入库

7.3.2 工艺知识管理与重用

企业里有各类的典型工艺，工艺知识管理库是帮助企业集中管理这些典型工艺及技术资料的工具，能帮助工艺人员实现对知识的重用和再用。

典型工艺指以相似零件具有的共同的工艺过程为基础编制的通用工艺规程，用以代替该零件组内各零件的加工工艺。编制典型工艺的基本方法是，首先按零件的几何形状、尺寸、精度和材料等，将零件划分为外形相同并具有类似工艺路线的零件组，从中选出代表件，然后根据代表件为零件组编制一个典型工艺。运用典型工艺，可以大大节省编制工艺规程的工作量，缩短工艺准备周期，降低工艺准备费用和产品制造成本；可以简化工艺文件，使工艺人员有时间、有精力研究改进现有工艺，提高工艺水平。

对典型工艺知识的管理可以分为两类：一类是普通的通用工序/工艺步骤、常用的工序操作内容、工序应用的设备/工装/夹具及量具等数据信息管理；另一类是对整个工艺规程文件、技术文件及资料的管理。

（1）通用知识沉淀

以“jxq-2201-0202 剪线刀片”工艺文件为例。如图 7-33 所示，工序名称、工序内容、车间及设备等内容，可以在工艺知识管理库里进行分类存储、管理；编辑工艺文件时，可以便捷地调用工艺知识库中存储的工艺信息进行快速填写，简化工艺编制环节。

jxq-2201-020...过程卡.exp

机械加工工艺过程卡片		产品型号	jxq-2201	零件图号	jxq-2201-0202	总 1 页	第 1 页
		产品名称	剪线钳	零件名称	剪线刀片	共 1 页	第 1 页

材料牌号	Cr12MoV	毛坯种类	板材	毛坯外形尺寸	35*70*3	每毛坯可制件数	1	每台件数	1	备注

工序号	工序名称	工序内容	车间	工段	设备	工艺装备	工时 准终	工时 单件
1	下料	板材：35*70*3；Φ3.5螺丝过孔	机加		激光切割			
2	发外	真空热处理						
3	磨	磨平面、刀刃	机加		平面磨床			
4	检验	外观与尺寸是否有误	机加					
5								

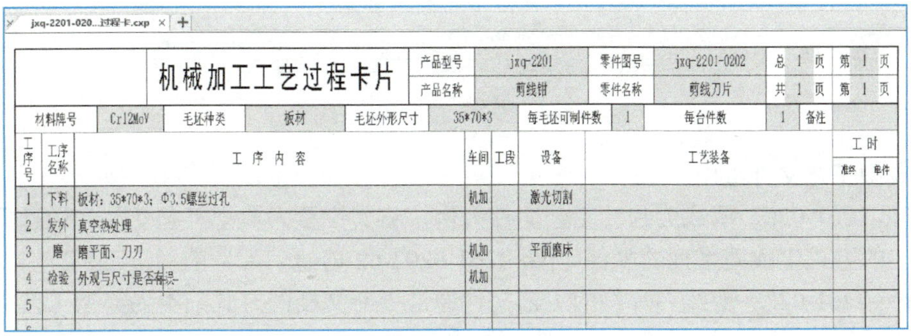

图 7-33 工艺文件示例

工艺知识管理库中的信息分类与具体内容可以根据企业需要进行自定义，并在 CAXA CAPP 工艺图表环境下灵活调用。比如已经在工艺知识库中创建了设备名称的工艺知识分类进行管理，如图 7-34 所示。在工艺图表编辑工艺文件时，单击设备对应单元格就可以下拉选择需要填入的设备名称，如图 7-35 所示。在已经创建了工序知识分类的情况下，单击工序单元格，右侧知识列表快速跳转到工序内容分类，可以选择右侧工序内容，实现"所见即所得"的编辑方式，如图 7-36 所示。

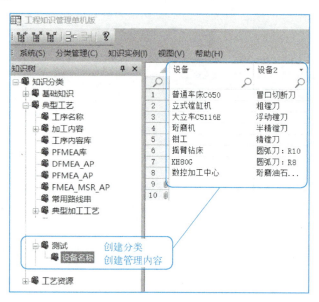

图 7-34　知识分类管理

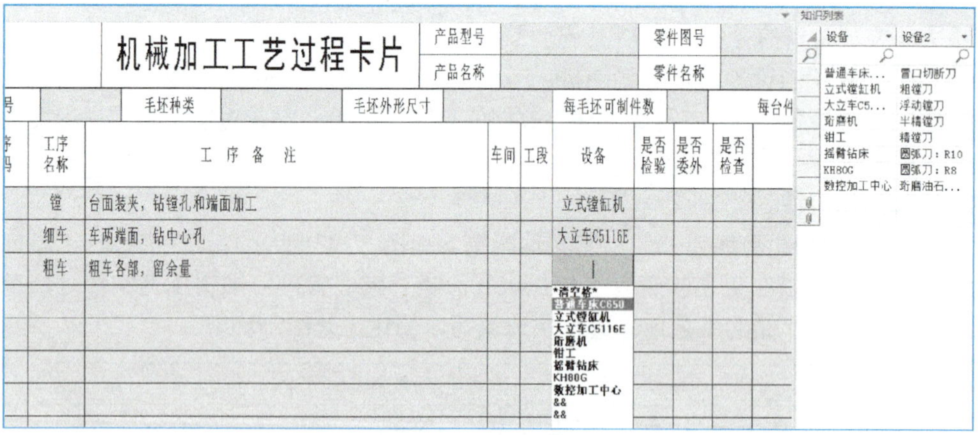

图 7-35　下拉选择填写

（2）典型工艺文件重用

以"jxq-2201-0202 剪线刀片"工艺文件为例，将其设置为典型工艺文件，通过重用并修改此典型工艺的方式生成同系列的零件"jxq-2201-0202-02 剪线刀片"的加工工艺。

把"jxq-2201-0202 剪线刀片"的工艺文件通过更新文档的方式归类为典型工艺文件，将其设定为一个零件组通用或相似的工艺文件，如图 7-37 所示。

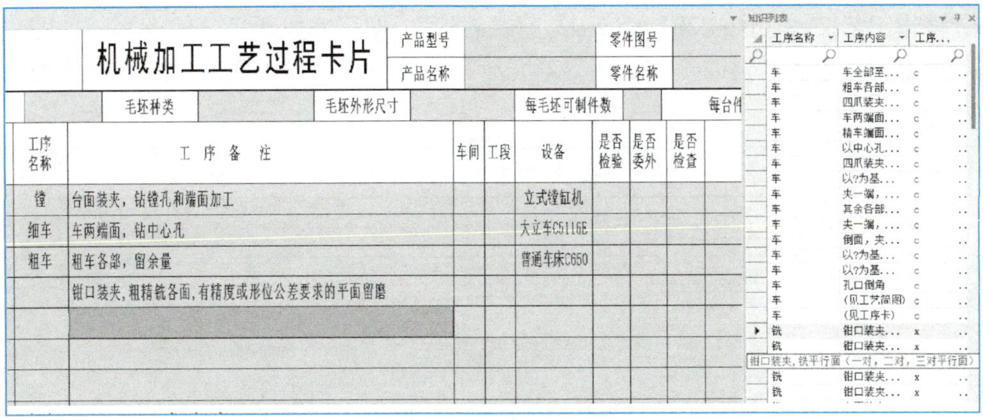

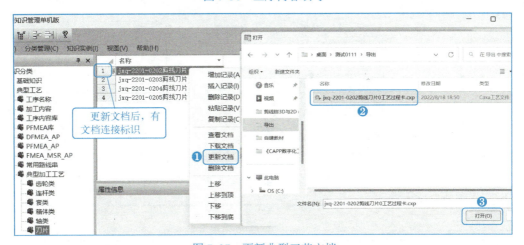

图 7-36 工序内容填写

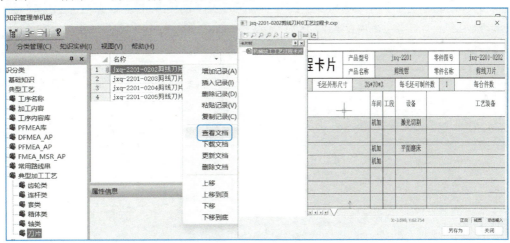

图 7-37 更新典型工艺文档

如图 7-38 所示,可以查看归档的典型工艺。

图 7-38 典型工艺查看

将同一个系列产品的典型加工工艺文件归档后,可以在 CAXA CAPP 工艺图表内编辑新的工艺文件时,整体借用典型工艺规程文件。如图 7-39 所示,调用相同的工艺文件模板新建工艺文件"jxq-2201-0202-02 剪线刀片",借用"jxq-2201-0202 剪线刀片"典型工艺文件;整体借用后，部分编辑工艺文件"jxq-2201-0202-02 剪线刀片"，即可完成新工艺的编写，如图 7-40 所示，部分调整工艺内容，修改零件图号等。完成新工艺后，可以入库或导入到零件图纸列表，启动工艺审批、发布。

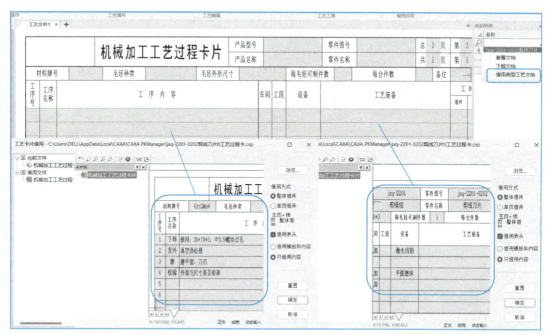

图 7-39 借用典型工艺

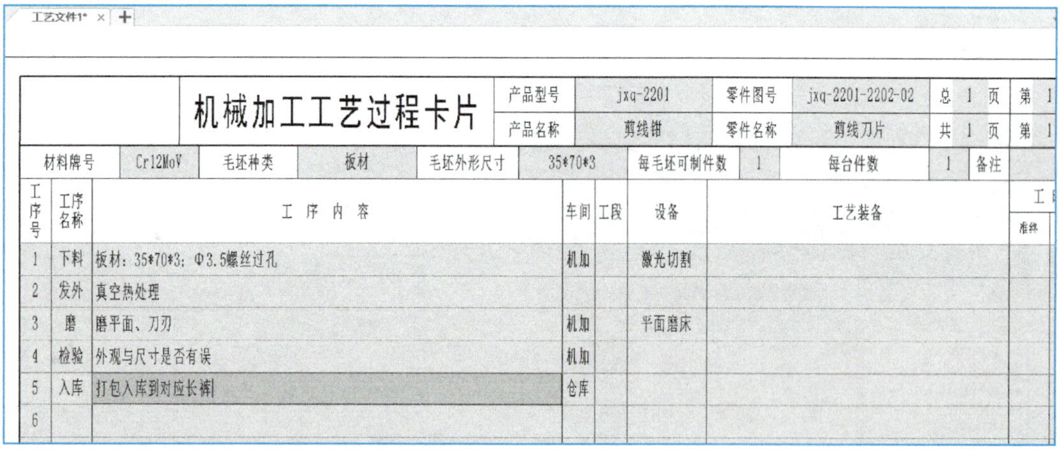

图 7-40 借用典型工艺后修改内容

【习题】

一、判断题

1. 使用查询功能，选择文档类型查询，在查询窗口输入零件名称关键字，可以查询到该零

件的图纸。（   ）

2. 同系列多个产品已创建零件结构树，且多个产品的 a 零部件已借用 A 产品的 a 零部件生成产品结构树，该 a 零部件不可以归档为企业的标准件。（   ）

二、选择题

1. 零部件标准化是指通过（   ）对零件等进行统一规范。
①结构要素；②尺寸；③材料性能；④设计方法；⑤制图要求
    A．①②③④   B．①③④   C．①②③④⑤   D．②③④⑤

2. 复制 A 结构树的零件粘贴到 B 结构树时，系统会对粘贴的零件节点修改（   ）属性。
    A．零件名称   B．零件代号   C．零件数量   D．零件材料

三、简答题

1. 简述借用件与复制件有哪些区别。
2. 工程知识管理库能沉淀、管理哪些工艺信息、资料？

项目 8　手动间歇冲压机构数字化设计及管理

 教学目标

知识目标：

1. 掌握对给定的存在未知错误的产品设计数据，进行错误分析处理的方法；
2. 掌握简单工作流程定义与测试的流程，理解流程事件程序触发的原理；
3. 进一步理解 PLM 系统权限与用户对产品的操作权限之间的关系；
4. 理解属性映射的概念，建立设计文档属性与 PLM 系统内属性的关联关系；
5. 理解签名设置属性与图纸、工艺文件模板属性之间的关联关系；
6. 了解产品设计 BOM 数据在工艺数据管理环节的作用。

能力目标：

1. 熟练掌握基于产品图纸与三维数据进行产品结构树建立与数据入库；
2. 熟练掌握工艺文件的入库；
3. 掌握人员签名设置及文档签名位置设置；
4. 掌握流程的定义，特别是流程事件参与者的设置与流程事件程序的配置；
5. 能对已定义流程进行测试；
6. 能正确设置图纸文件、工艺文件的属性映射；
7. 掌握产品数据的批量审批。

素养目标：

1. 养成对于具体项目设计数据管理的整体分析思路，形成良好的职业素养。
2. 建立对新技术良好的认知能力和严谨踏实的工作作风。
3. 养成使用数字化工程工具解决具体产品数据管理与流程管理问题的能力。

项目分析

本项目以综合实训的方式，基于对 PLM 系统的配置准备工作，对已有图纸的产品进行设计文件的审核修改、工艺文件的数字化编制及审批管理、设计工艺制造数据的归档发布、生成产品 BOM 文件等内容进行实战训练，以 PLM 为载体串联从产品设计到工艺规划再到加工制造的各个环节，帮助学生理解产品生命周期中 PLM 数据流推动业务执行的原理与价值，提高利用 CAXA PLM 软件进行数据与流程管理的综合能力，更好地适应岗位需求。

任务 8.1 实训任务

8.1.1 实训目的

通过本实训任务，针对手动间歇冲压机构产品完成缺失零件图纸的设计、装配数据的修正、零件加工工艺设计、产品装配工艺设计、零件 CAM 加工编程及产品设计工艺制造数据数字化管控、制定并执行审批流程等工作，以熟悉产品设计及工艺规划阶段的标准化流程，体验不同角色的工作任务与职责，掌握企业产品数字化协同设计的基本流程与方法。

8.1.2 实训内容与时间安排

本案例任务以手动间歇冲压机构产品为载体，涉及的零部件见表 8-1。装配关系如图 8-1 所示。实训素材资源中已经提供了表 8-1 中除 JXCY-15 轴承底座零件以外的所有零件三维模型、JXCY-15 轴承底座零件图纸、装配图模板、工艺文件模板。读者需综合应用 CAD、CAPP、CAM、PLM 等软件工具完成缺失零件设计、加工及装配工艺编制、零件加工程序编制、文件审批修改、数据与流程管理工作，最终使产品设计、工艺及加工数据正确齐备，且规范存储于 PLM 系统中进行管理。

表 8-1 手动间歇冲压机构产品零部件信息

手动间歇冲压机构产品零部件属性参考				产品型号	产品名称
				JXCY-00	手动间歇冲压机构
序 号	代 号	名 称	材 料	所属装配	
1	JXCY-01	凹模板	45#	JXCY-00	
2	JXCY-02	摆杆	45#	JXCY-00	
3	JXCY-03	冲头	45#	JXCY-00	
4	JXCY-04	底板	45#	JXCY-00	
5	JXCY-05	定位板	45#	JXCY-00	
6	JXCY-06	滑杆	45#	JXCY-00	
7	JXCY-07	拉杆	45#	JXCY-00	
8	JXCY-08	手柄	45#	JXCY-00	
9	JXCY-09	手轮	45#	JXCY-00	
10	JXCY-10	小盖板	45#	JXCY-00	
11	JXCY-11	小轴	45#	JXCY-00	
12	JXCY-12	支架	45#	JXCY-00	
13	JXCY-13	支脚	45#	JXCY-00	
14	JXCY-14	偏心轴轮	45#	JXCY-00	
15	JXCY-15	轴承底座	45#	JXCY-00	
16	JXCY-16	轴承上盖	45#	JXCY-00	
17	GB/T 70.1—2008	螺栓 M5×16	Q235A	JXCY-00	
18	GB/T 70.1—2008	螺栓 M6×10	Q235A	JXCY-00	

(续)

手动间歇冲压机构产品零部件属性参考			产品型号	产品名称
序 号	代 号	名 称	JXCY-00	手动间歇冲压机构
			材 料	所属装配
19	GB/T 70.1—2008	螺栓 M8×12	Q235A	JXCY-00
20	GB/T 70.1—2008	螺栓 M8×60	Q235A	JXCY-00
21	GB/T 276—2013	滚动轴承 6000	—	JXCY-00
22	GB/T 276—2013	滚动轴承 6001	—	JXCY-00
23	WG-DS-M8×20	对锁 M8×20	304	JXCY-00
24	WG-DS-M8×30	对锁 M8×30	304	JXCY-00

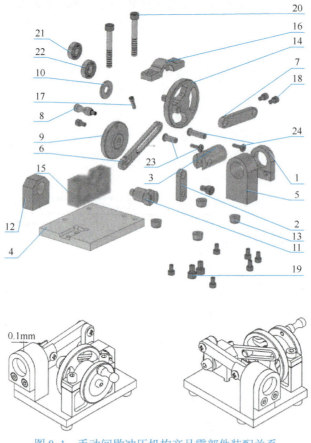

图 8-1 手动间歇冲压机构产品零部件装配关系

实训任务分组完成,每组 3 人,小组编号规则为 01、02、03……,依此类推。任务应在 16 学时内完成,小组成员合理分工完成以下实训内容,具体任务安排见表 8-2。

表 8-2 实训内容安排表

实训模块	实训任务	学时数
A. 任务熟悉与准备	1. 任务分解,熟悉任务,小组分工	1
	2. 创建人员角色与分配权限 3. 创建产品大类及产品 4. 属性映射与匹配规则 5. 产品文件夹添加标准模板	1

（续）

实训模块	实训任务	学时数
B．建立审批流程	6．建立设计及工艺文件审批流程	2
C．产品零件设计	7．缺失零件 CAD 建模与总装出图	2
D．设计数据入库审批发布	8．生成产品结构树导入设计数据 9．零件及总装设计数据审批发布 10．生成产品 BOM	3
E．工艺制定与入库审批发布	11．调用标准化模板制定 12．工艺文件入库审批发布	2
F．零件加工编程与文件管理	13．零件数控编程 14．CAM 文件与加工代码入库	2
G．任务总结	15．完成实训小结、答辩	3

8.1.3 实训任务工作步骤

1. 创建人员角色与分配权限

使用 CAXA PLM 协同管理的默认系统管理员账号"system"登录 PLM 系统，以 01 小组为例，按照表 8-3 要求创建任务相关的部门、角色及人员，设置签名；人员姓名前缀"01-"。角色的"权限设置"与"功能设置"选择赋予全部权限。

表 8-3 部门、角色及人员说明

部门名称	角色名称	人员姓名	签名内容
设计部	设计工程师	01-设计工程师 A	A
		01-设计工程师 B	B
	设计主管	01-设计主管 C	C
工艺部	工艺工程师	01-工艺工程师 D	D
		01-工艺工程师 E	E
	工艺主管	01-工艺主管 F	F
标准化部	标准化主管	01-标准化主管 G	G

2. 创建产品大类及产品

根据"实训小组编号"命名产品大类，按照"实训小组编号-手动间歇冲压机构"的定义规则定义产品名称。以 01 小组为例（后续任务要求同样以 01 小组为例说明），创建产品大类及产品，如图 8-2 所示。创建完成后，PLM 系统对应新建的产品节点自动生成产品文件夹节点"01-手动间歇冲压机构"。

图 8-2 创建产品大类及产品

3. 属性映射与匹配规则

1）装配图标题栏明细表模板，如图 8-3 所示。在 PLM 系统中对应设置图纸文件的属性映射，确保图纸信息在生成产品结构树时能正确导入 PLM 系统。

序号	代号	名称	数量	材料	单件	总计	备注
19	GB/T 70.1-2008	螺栓M8×12	3	Q235A	0.01	0.03	标准件
18	GB/T 70.1-2008	螺栓M6×10	9	Q235A	0.01	0.09	标准件
17	GB/T 70.1-2008	螺栓M5×16	1	Q235A	0.00	0.00	标准件
16	01-JXCY-16	轴承上盖	1	45#	0.11	0.11	自制件
15	01-JXCY-15	轴承底座	1	45#	0.32	0.32	自制件
14	01-JXCY-14	偏心轴轮	1	45#	0.23	0.23	自制件
13	01-JXCY-13	支脚	4	45#	0.01	0.04	自制件
12	01-JXCY-12	支架	1	45#	0.21	0.21	自制件
11	01-JXCY-11	小轴	1	45#	0.08	0.08	自制件
10	01-JXCY-10	小盖板	1	45#	0.01	0.01	自制件
9	01-JXCY-09	手轮	1	45#	0.16	0.16	自制件
8	01-JXCY-08	手柄	1	45#	0.02	0.02	自制件
7	01-JXCY-07	拉杆	1	45#	0.07	0.07	自制件
6	01-JXCY-06	滑杆	1	45#	0.04	0.04	自制件
5	01-JXCY-05	定位板	1	45#	0.40	0.40	自制件
4	01-JXCY-04	底板	1	45#	1.14	1.14	自制件
3	01-JXCY-03	冲头	1	45#	0.17	0.17	自制件
2	01-JXCY-02	摆杆	1	45#	0.04	0.04	自制件
1	01-JXCY-01	凹模板	1	45#	0.09	0.09	自制件

图 8-3 装配图标题栏明细表

2）标准化工艺模板包括 5 种卡片的标准模板，如图 8-4～图 8-8 所示。其中，封面.txp、加工工艺过程卡片.txp、加工工序卡片.txp 构成了加工工艺规程（.xml）；封面.txp、装配工艺过程卡片.txp、装配工艺附图卡片.txp 构成了装配工艺规程（.xml）。

图 8-4 封面

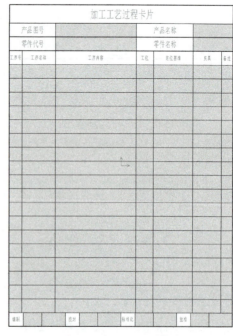

图 8-5 加工工艺过程卡片

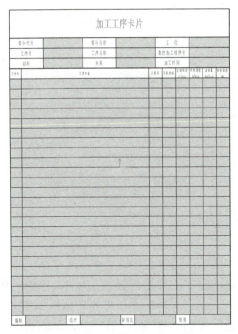
图 8-6 加工工序卡片

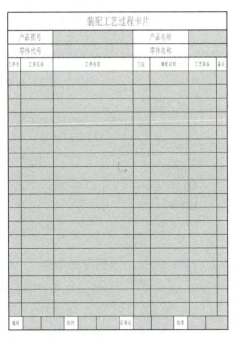
图 8-7 装配工艺过程卡片

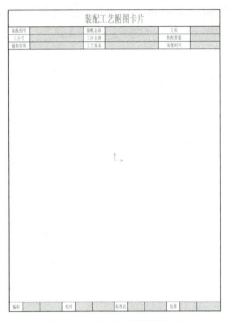
图 8-8 装配工艺附图卡片

根据给定模板在 PLM 系统中对应调整工艺文件的属性映射,确保零部件信息能被 PLM 系统识别,将工艺文件自动挂载到对应的零部件节点下。

3)匹配规则。修改匹配规则使 PLM 系统自动根据"代号"字段中是否含有"GB""WG""JXCY",确定此零部件是标准件、外购件还是自制件。

4. 产品文件夹添加标准模板

以 01 小组为例,在产品文件夹"01-手动间歇冲压机构"下新建"01-工艺模板"文件夹,将如图 8-9 所示的给定的标准工艺模板文件修改命名，增加前缀"01-"后导入到 PLM 系统中备用。

名称	修改日期	类型
封面	2023/1/13 14:53	Caxa工艺文档
加工工序卡片	2022/7/7 14:47	Caxa工艺文档
加工工艺过程卡片	2022/7/7 15:08	Caxa工艺文档
装配工艺附图卡片	2022/7/7 19:35	Caxa工艺文档
装配工艺过程卡片	2022/7/7 19:42	Caxa工艺文档
加工工艺规程	2022/7/7 19:46	Microsoft Edge HTML Document
装配工艺规程	2022/7/7 19:46	Microsoft Edge HTML Document

图 8-9　工艺模板文件

5. 建立设计及工艺数据审批流程

按照图 8-10、图 8-11 所示流程及审批节点要求，建立工作流程模板，以 01 小组为例，分别命名为"01-图纸审批流程"与"01-工艺文件审批流程"，发布并保存为".wft"格式文件，将文件添加到产品文件夹节点下。流程节点审批涉及的人员与表 8-3 中建立人员的对应关系见表 8-4。

通过流程模板的设置，实现：审批通过的文件自动在图纸或工艺文件相应签名位置签名；图纸及工艺文件在流程结束后自动发布；同时支持多路选择。

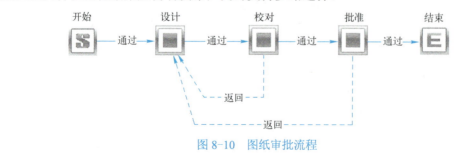

图 8-10　图纸审批流程

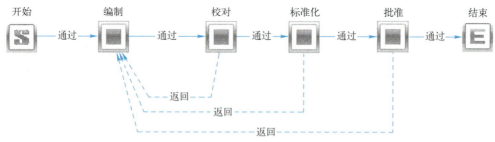

图 8-11　工艺文件审批流程

表 8-4　审批节点相关人员信息

流程名称	审批节点	人员姓名	签名内容
图纸审批流程	设计	01-设计工程师 A	A
	校对	01-设计工程师 B	B
	批准	01-设计主管 C	C

（续）

流程名称	审批节点	人员姓名	签名内容
工艺文件审批流程	编制	01-工艺工程师 D	D
	校对	01-工艺工程师 E	E
	标准化	01-标准化主管 G	G
	批准	01-工艺主管 F	F

根据图纸标题栏签名位置以及工艺文件签名位置的属性定义情况，在 PLM 中进行图纸及工艺文件签名设置，使流程中审批人员姓名与签字日期签署到文件的正确位置。

6. 缺失零件 CAD 建模与总装出图

设计工程师 A 根据图 8-12 所示图纸完成 "JXCY-15 轴承底座" 零件的三维建模，以 01 小组为例，命名为 "01-轴承底座.ics"；使用已给定其他零件 3D 数据生成产品三维装配数据，命名为 "01-手动间歇冲压机构装配.ics"；绘制产品装配图，命名为 "01-手动间歇冲压机构装配.exb"。

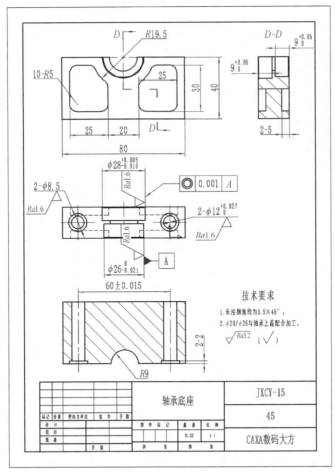

图 8-12　JXCY-15 轴承底座零件图

要求所有零部件代号命名，在表 8-1 列出的命名基础上前缀 "实训小组编号"。以 01 小组为例，"JXCY-15 轴承底座零件"的代号应为 "01-JXCY-15"。3D 文件及装配图纸中均需按此要求体现代号命名。

7. 生成产品结构树导入设计数据

设计工程师 A 利用产品装配 3D 数据及装配图等文件，自行选择项目 2 中描述的生成产品结构树的方法，建立手动间歇冲压机构的结构树，并将所有零件三维模型、产品装配 3D 数据、产品装配图纸正确入库。产品结构树中各个节点的零部件代号命名要求同步骤 6。

8. 零件及总装设计数据审批发布

1）设计工程师 A 发起如图 8-10 所示的图纸审批流程，批量审核所有步骤 7 中入库的数据。

2）设计工程师 B 在流程审批过程中如发现设计问题，需以红线批注进行批注提示，驳回相应文件；数据无误则通过审核提交给设计主管 C 节点，直至所有设计数据审核通过并发布。

3）在流程监控界面将执行完成的审批流程截图保存，以 01 小组为例，图片命名为“01-图纸审批流程.jpg”，将文件添加到产品文件夹节点下。

9. 生成产品 BOM

按照图 8-13 所示 BOM 表模板生成产品 BOM 表，以 01 小组为例，命名为“01-产品 BOM .xlsx”，将文件添加到产品文件夹节点下。

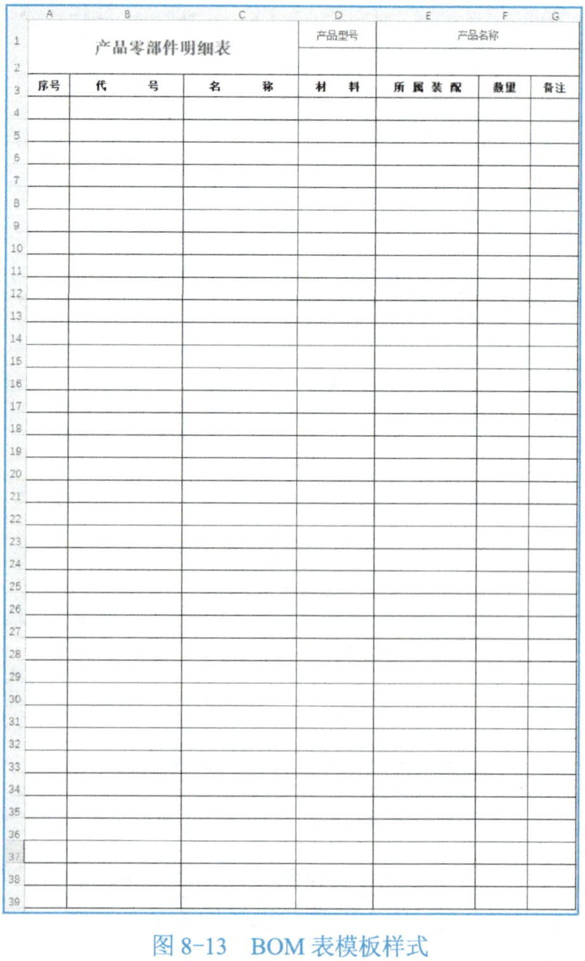

	A	B	C	D	E	F	G
1	产品零部件明细表			产品型号	产品名称		
2							
3	序号	代　号	名　称	材　料	所属装配	数量	备注
4							
5							
6							
7							
8							
9							
10							
11							
12							
13							
14							
15							
16							
17							
18							
19							
20							
21							
22							
23							
24							
25							
26							
27							
28							
29							
30							
31							
32							
33							
34							
35							
36							
37							
38							
39							

图 8-13　BOM 表模板样式

10. 调用标准化模板制定工艺文件

工艺工程师 D 导出步骤 4 上传至 PLM 系统中的工艺模板，使用 CAXA CAPP 工艺图表软件，根据已发布的设计数据编写"JXCY-15 轴承底座"零件的加工工艺规程及产品总装的装配工艺规程。注意："JXCY-15 轴承底座"需与"JXCY-16 轴承上盖"配合加工。以 01 小组为例，文件命名为"01-轴承底座加工工艺.cxp""01-手动间歇冲压机构装配工艺.cxp"。

11. 工艺文件入库审批发布

1）将步骤 10 中编制的加工工艺规程文件入库产品结构树中"JXCY-15 轴承底座"零件节点下，装配工艺规程入库产品结构树产品总装节点。

2）工艺工程师 A 发起如图 8-11 所示的工艺文件审批流程，批量审核所有工艺规程。审批通过后，确保工艺文件签名栏签署无误。

3）在流程监控界面将执行完成的审批流程截图保存，以 01 小组为例，图片命名为"01-工艺文件审批流程.jpg"，将文件添加到产品文件夹节点下。

12. 零件数控编程

1）工艺工程师 B 根据已发布的加工工艺规程，使用 CAXA CAM 制造工程师软件进行"JXCY-15 轴承底座"零件加工编程。轴承底座毛坯尺寸：82mm×42mm×22mm。假设加工设备为三轴立式加工中心，工作台面积 600mm×400mm，Z 向高度 200mm，系统 FANUC 0i MD，刀库为 12 把斗笠式，适用 BT40 刀柄，保存编程 CAM 文件，以 01 小组为例，命名为"01-轴承底座.mcs"，如果有多个 mcs，命名按照"01-轴承底座 1.mcs、01-轴承底座 2.mcs……"顺序。

2）输出 NC 代码程序，以 01 小组为例，命名为"01-轴承底座.nc"。如果有多个编程 CAM 文件且每个编程文件对应多个 nc 代码文件，可以把 nc 代码文件放入文件夹并压缩文件夹，文件夹命名和编程 CAM 文件对应，命名按照"01-轴承底座 nc 代码 1.rar、01-轴承底座 nc 代码 2.rar……"顺序。

13. CAM 文件与加工代码入库

将步骤 12 形成的 CAM 文件与加工代码入库到 JXCY-15 轴承底座节点下。

14. 任务总结

小组成员从任务分工、执行过程中遇到的问题、如何解决问题、经过实训获得的提升等方面编写实训小结，以 01 小组为例，命名为"01-实训小结.docx"，将文件添加到产品文件夹节点下。进行实训小结分享并回答实训指导教师及其他小组成员的提问，完成答辩。

8.1.4 实训提交成果

所有实训成果提交到 PLM 系统中，以 01 小组为例，上交的资料文件及其存储位置见表 8-5。

表 8-5 实训成果文件表

存储位置	文件名称
"01-手动间歇冲压机构"产品文件夹节点	01-图纸审批流程.wft 01-工艺文件审批流程.wft 01-图纸审批流程.jpg 01-产品 BOM .xlsx 01-工艺文件审批流程.jpg 01-实训小结.docx

(续)

存储位置	文件名称
"01-工艺模板" 文件夹节点	01-封面.txp 01-加工工艺过程卡片.txp 01-加工工序卡片.txp 01-装配工艺过程卡片.txp 01-装配工艺附图卡片.txp 01-加工工艺规程.xml 01-装配工艺规程.xml
"手动间歇冲压机构装配" 产品总装节点	01-手动间歇冲压机构装配.ics 01-手动间歇冲压机构装配.exb 01-手动间歇冲压机构装配工艺.cxp
"轴承底座"节点	01-轴承底座.ics 01-轴承底座加工工艺.cxp 01-轴承底座.mcs 01-轴承底座.nc
其他零部件节点	01-零部件名称.ics

8.1.5 实训考核评价

成绩根据实训过程考核、日常签到以及实训小结和答辩情况进行综合考量评定，任务模块对应分数占比见表8-6。

表 8-6 实训任务分值表

实训任务模块	分数占比
A. 任务熟悉与准备	10%
B. 建立审批流程	10%
C. 产品零件设计	10%
D. 设计数据入库审批发布	30%
E. 工艺制定与入库审批发布	10%
F. 零件加工编程与文件管理	10%
G. 任务总结	20%

任务 8.2　任务要点分析

8.2.1 属性映射与匹配规则

根据给定图纸模板在 CAXA CAD 实体设计软件中查看属性定义情况，图纸模板中明细表各列属性及标题栏属性对应的匹配名称如图 8-14 所示。查看 PLM 系统"属性映射"页面，对应配置匹配规则修改属性映射。如图 8-15 所示，例如 PLM 系统中默认状态定义 "Part Number" 映射到"代号"属性字段，缺失空格，需在 PLM 系统中进行修改增加空格；再如 PLM 系统中默认状态没有定义"重量"属性字段对应的映射，这样会导致批量入库数据时系统无法自动读取图纸明细表中各零部件的重量并填写到"基本属性-重量"单元格里，因此需在 PLM 系统中增加重量相关的属性映射。

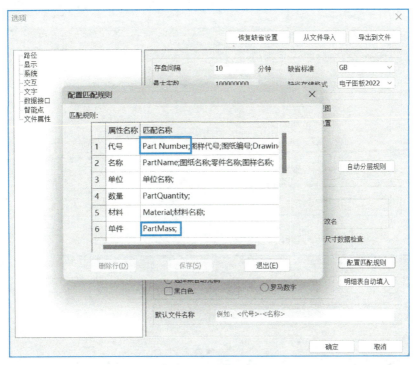

图 8-14　查看图纸属性定义

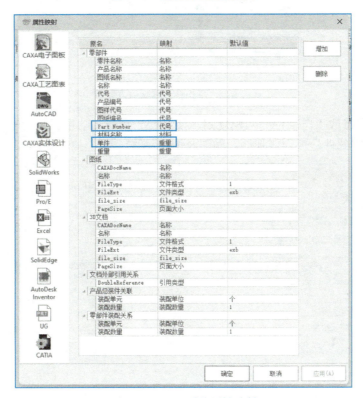

图 8-15　PLM 系统属性映射

根据给定工艺模板在 CAXA CAPP 工艺图表软件中查看"零件代号""零件名称"单元格属性定义情况，如图 8-16 所示。将工艺图表属性映射调整至与工艺模板定义一致，如图 8-17 所示。

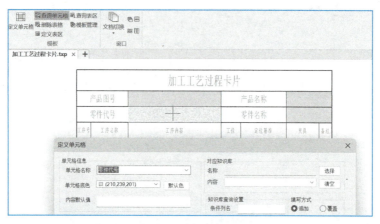

图 8-16　查看工艺模板单元格属性定义

图 8-17　工艺图表属性映射定义

根据任务要求修改"自制件"匹配规则，使 PLM 系统自动根据"代号"字段中是否含有"JXCY"，确定此零部件是否为自制件，如图 8-18 所示。

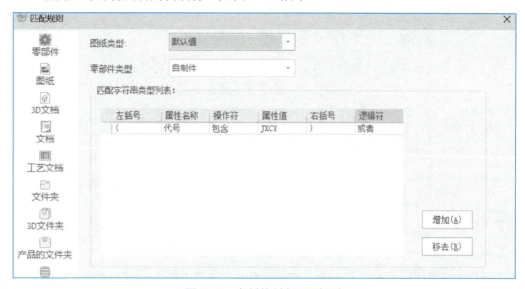

图 8-18　自制件判定匹配规则

8.2.2 建立设计及工艺数据审批流程

参考项目 3 中的方法，利用系统内置的事件模板定义图纸及工艺文件审批流程中触发的事件，事件配置如图 8-19 和图 8-20 所示。

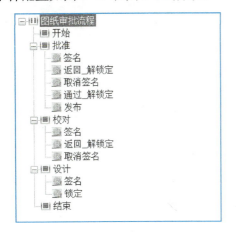

图 8-19　图纸审批流程事件配置

图 8-20　工艺文件审批流程事件配置

如果已经存在类似的流程模板，可以通过单击"文件-打开-导入模板"的方式将模板文件导入系统，在此基础上进行借用或调整，如图 8-21 所示。

图 8-21　导入已有流程模板

图纸标题栏签名位置的属性定义情况如图 8-22 所示。在 PLM 中可参考图 8-23 进行图纸签名设置。

工艺文件签名位置的属性定义情况如图 8-24 所示。在 PLM 中可参考图 8-25 进行工艺文件签名设置。".cxp"格式工艺文件的签名标签需要在定义属性的基础上加上"，1"，这是一个定义规则，表示签在第一页，签名相关单元格已在工艺模板中设置为公共信息，后续页中的签名内容同第一页。

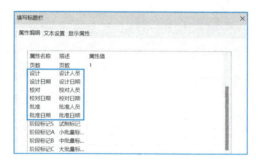

图 8-22　图纸标题栏签名位置属性定义

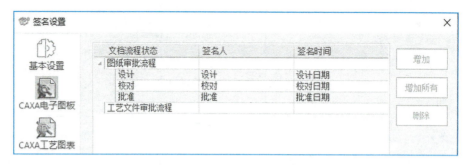

图 8-23　图纸签名设置

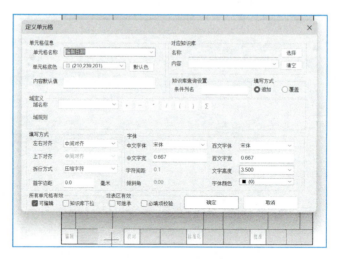

图 8-24　工艺文件签名位置属性定义

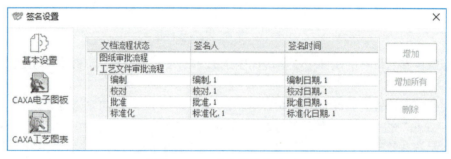

图 8-25　工艺文件签名设置

8.2.3 缺失零件 CAD 建模与总装出图

产品三维装配前，在 CAXA 3D 实体设计软件中打开并查看已给定的零部件三维模型"零件属性"，按任务要求更改零部件的名称代号，如图 8-26 所示。执行此操作后，从三维装配模型转二维装配图时，明细表中的零部件信息就可以正确地自动带入，批量入库生成产品结构树时节点的名称与代号可以被自动识别，且零部件三维模型文件可以被系统正确挂载到相应的零部件节点下。

图 8-26 修改零件属性

8.2.4 生成产品 BOM

报表文件的模板可以自行定义。在本任务中，需要将已给定的报表模板文件"产品零部件明细表模板.xlsx""产品零部件明细表模板.xml"复制到路径"C:\Users\Public\CAXA\CAXA EAP CLIENT\1.0\Cfg\zh-CN\GlobalCfg\PlatformCfg\ComponentCfg\Report\template\xls"（具体路径与软件安装路径有关）下，如图 8-27 所示。可参考项目 5 中讲述的方法进行报表操作。

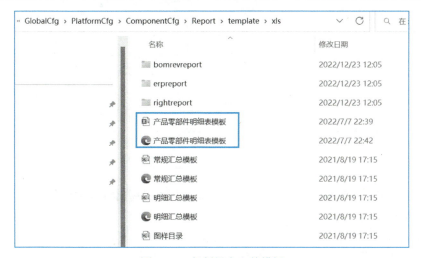

图 8-27 复制报表文件模板

8.2.5 调用标准化模板制定工艺文件

导出 PLM 系统中的工艺模板后，需将其正确放置在 CAXA CAPP 工艺图表模板路径下，才能被调用，模板路径可在"选项-路径"界面查看，如图 8-28 所示。其中，".xml"格式配置文件需放置在"用户"路径下；".txp"格式工艺模板文件需放置在"系统"路径下，需注意的是要避免文件名与路径下已有文件重名。

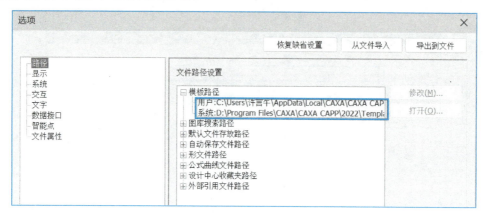

图 8-28　模板路径

标准模板文件放置正确后，新建工艺规程时可以看到定制模板为可选项，能够被调用，如图 8-29 所示。

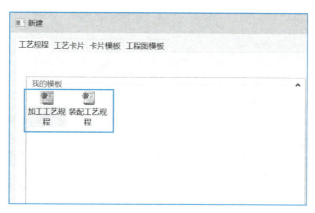

图 8-29　自定义工艺模板调用

【习题】

一、判断题

1. 如需利用 2D、3D 图纸在生成产品结构树时自动识别出零部件代号信息，需在 PLM 系统中定义"PartNumber"映射到"代号"属性字段。（　　）

2. 报表文件的模板可以自行定义，一套自定义模板包含 Excel 文件及 XML 文件，二者具备对应关系，使用前需成套复制在 PLM 安装路径报表文件模板文件夹下。（　　）

二、选择题

1. 下列说法正确的是（　　）。

① 定义审批流程模板时，事件定义的先后顺序与执行顺序无关。

② 审批流程模板定义完成后可存为".wft"格式文件，方便借用或在此基础上调整。

③ 若工艺模板中编制人员签名和签名日期单元格名称分别被定义为"编制人员"和"编制日期"，则 PLM 签名设置中工艺文件对应的"签名人"和"签名时间"也应定义为"编制人员"和"编制日期"。

④ 调整产品装配三维模型中所有零部件"零件属性"，按任务要求更改零部件的名称代号，3D 数据批量入库生成产品结构树时节点的名称与代号可以被自动识别，且零部件三维模型文件可以被系统正确挂载到相应的零部件节点下。

  A. ①②④   B. ②③   C. ②④   D. ②③④

2. 如需在导入工艺文件时自动识别文件对应的结构树节点，需要提前通过 CAXA CAPP（　　）功能获取工艺模板中（　　）单元格属性定义，并在 PLM 中分别映射到（　　）属性字段。

  A. "查询单元格"；"零件代号"和"零件名称"；"代号"和"名称"

  B. "定义单元格"；"零件代号"和"零件名称"；"代号"和"名称"

  C. "查询单元格"；"代号"和"名称"；"零件代号"和"零件名称"

  D. "定义单元格"；"代号"和"名称"；"零件代号"和"零件名称"

三、简答题

1. 简述导入设计数据生成产品结构树前需要保证哪些产品数据的对应。
2. 调用标准工艺模板前需要如何处理模板文件？

参 考 文 献

[1] 杨海成. 数字化设计制造技术基础[M]. 西安：西北工业大学出版社，2007.
[2] 祝勇仁，蒋立正，李长亮. CAPP数字化工艺设计[M]. 北京：机械工业出版社，2022.
[3] 北京数码大方科技股份有限公司. CAXA PLM协同管理用户手册[Z]. 2022.
[4] 北京数码大方科技股份有限公司. CAXA实体设计用户手册[Z]. 2022.
[5] 北京数码大方科技股份有限公司. CAXA电子图板用户手册[Z]. 2022.